Quizzes Of Determination And Supervision Management Of Power Oil And Gas

电力用油气检测及监督管理技术问答

华电电力科学研究院有限公司 组编

中国电力出版社
CHINA ELECTRIC POWER PRESS

内容提要

本书通过问答的方式，对精选出的油气检测人员普遍面临和关注的疑难问题进行了系统分析和解答，主要涉及电力用变压器油、涡轮机油、抗燃油、齿轮油、辅机用油、SF_6气体、天然气等油（气）检测的标准、性能、测试原理、影响因素、安全防护知识；油（气）的维护及监督管理，设备故障分析及诊断等。

本书共分五章，主要内容包括电力用油气基础知识、电力用油检测技术、六氟化硫检测技术、天然气检测技术、电气设备用油气管理及故障诊断。

本书可供油气检测人员参考使用，以指导电厂油气检测，保障电气设备安全、经济运行；也可供大专院校相关专业师生参考阅读。

图书在版编目（CIP）数据

电力用油气检测及监督管理技术问答 / 华电电力科学研究院有限公司组编. —北京：中国电力出版社，2020.1（2024.6 重印）
ISBN 978-7-5198-4245-1

Ⅰ.①电… Ⅱ.①华… Ⅲ.①电力系统－润滑油－问题解答②电力系统－液体绝缘材料－问题解答③电力系统－气体绝缘材料－问题解答 Ⅳ.①TE626.3-44

中国版本图书馆 CIP 数据核字（2020）第 022983 号

出版发行：中国电力出版社
地　　址：北京市东城区北京站西街 19 号（邮政编码 100005）
网　　址：http://www.cepp.sgcc.com.cn
责任编辑：赵鸣志（010-63412385）
责任校对：黄　蓓　郝军燕
装帧设计：赵丽媛
责任印制：吴　迪

印　刷：北京天泽润科贸有限公司
版　次：2020 年 3 月第一版
印　次：2024 年 6 月北京第三次印刷
开　本：880 毫米 ×1230 毫米 32 开本
印　张：4.75
字　数：111 千字
印　数：2001—2500 册
定　价：25.00 元

版权专有 侵权必究
本书如有印装质量问题，我社营销中心负责退换

《电力用油气检测及监督管理技术问答》
编委会

主　　编　姬海宏

副 主 编　刘伟伟　李元斌

参编人员　刘　金　张　超　冯蜜佳　徐　展

朱玉华　胡　鑫　张　耀　柏　杨

王涛英　邓庆德　周　璇　王　贺

前言

Preface

电力用油气包括汽轮机、燃气轮机、水轮机、发电机、变压器、互感器、断路器、齿轮箱及相关辅机等电力设备所用的油品、六氟化硫气体和天然气，涉及电气设备、发电设备、风电设备制造等领域。电力用油气的质量直接关系所用设备的安全经济运行，随着计划检修向状态检修转变，油气监督显得越发重要，发电企业对提升油气的质量检测技能、检测质量的可靠性越发重视，对从事电力油、气监督检测工作的专业人员的检测水平和技术素质有更高的要求。

近年来，我国加快从火力发电向清洁能源发电的转型，气电、水电、核电、风电、光电占比逐年上升，传统电厂化学监督以水汽监督为主的格局也开始发生变化。随着新能源发电快速增长，电力用油气在发电系统中的重要性更加明显。2005 年以来，国家标准化管理委员会、电力行业及石油化工行业等机构对油气近 50 个相关标准进行较大幅度的修订，完善和加强对设备用油、气介质的检测监督管理。为提高油、气监督检测技术的水平，提升检测人员运用理论知识解决实际问题的能力，华电电力科学研究院有限公司综合生产现场油、气监督和管理的特点，以目前最新的标准为依据，结合实验室检测实践经验、研究成果、行业内相关权威教材，编写了本书。

本书以发电企业技术监督、实验室检测、生产管理为主线，针对生产一线检测人员常见理论盲点、检测细节、技术要点、监督要点、管理工作等薄弱环节问题，逐一进行解答，力求概念清晰，简单明了，能解决检测及生产工作中的实际问题，全面覆盖发电侧设备所用油品、六氟化硫气体和天然气。

本书共分五章，内容包括变压器油、涡轮机油、抗燃油、齿轮油、六氟化硫气体及天然气相关的基础知识、检测技术、管理及诊断分析技术，可作为发电企业油气检测人员的培训教材。

由于编写人员水平及编写时间所限，书中疏漏之处在所难免，敬请读者批评指正。

编者

2019 年 9 月

目录

Contents

第一章　电力用油气基础知识

1. 简述产生系统误差的原因。

答：（1）方法误差，是由分析方法本身所引起的。例如在重量分析中，由于沉淀的溶解、共沉淀现象、灼烧时沉淀的分解或挥发等；在滴定分析中，反应进行不完全、干扰离子的影响、副反应的发生等导致测定结果偏高或偏低。

（2）仪器误差，是由使用的仪器本身精密度不够引起的。例如砝码质量、容量器皿的刻度和仪器刻度不准确或者未校正等。

（3）试剂误差，是由所用蒸馏水含有杂质或所使用的试剂不纯引起的。例如试剂和蒸馏水中含有被测物质或干扰物质，使分析结果系统地偏高或偏低。这种误差可通过空白试验来检查和扣除。

（4）操作误差，是由于分析人员掌握分析操作的条件不熟练，个人观察器官不敏锐和固有的习惯所致。例如分析人员对滴定终点颜色的辨别存在差异、对仪器刻度标线读数不准确等都会引起操作误差。

2. 如何减小分析过程中的误差？

答：（1）选择合适的分析方法。

（2）减小测量误差，保证分析结果的准确度。

（3）增加平行测定次数，减小随机误差。

（4）消除测量过程中的系统误差。

3. 如何消除测量过程中的系统误差？

答：（1）对照试验。对照试验是检验系统误差的有效方法。进行对照试验时，常用已知结果的试样与被测试样一起进行对照试验，或用其他可靠的方法进行对照试验，也可由不同人员、不同单位进行对照试验。

用有证标准物质（持有国家有关部门发放的“制造计量器具许可证”的单位制造）进行对照试验时，尽量选择与试样组成相近的标准物质进行对照分析。根据标准物质的分析结果，即可判断试样分析结果有无系统误差。

如果要进行对照试验而对试样组分又不完全清楚时，可采用加入回收法进行对照试验。加入回收法是向试样中加入已知量的被测组分，然后进行对照试验，看加入的被测组分能否定量回收，以此判断分析过程是否存在系统误差。

（2）空白试验。由试剂和器皿带进杂质造成的系统误差，一般可做空白试验来消除。所谓空白试验，就是在不加试样的情况下，按照与试样分析相同的操作手续和条件进行分析试验。试验所得结果称为空白值。从试样分析结果中扣除空白值，就得到比较可靠的分析结果。水分析普遍采用这种做法。

空白值一般不应很大，否则扣除空白值时会引起较大的误差。遇到空白值偏大时，就应考虑提纯试剂和改用其他适当的器皿来解决问题。

（3）校正仪器。仪器不准确引起的系统误差，可通过校准仪器来减小其影响。除了按照仪器的操作规程使用仪器并进行日常维护工作外，应由有资质的计量检定部门定期对仪器进行检定，取得计量检定合格证书后，方能投入使用。

（4）分析结果的校正。分析过程中的系统误差可采用各种方法进行校正，如试样中存在干扰成分引起系统误差，并知道是何种成分引起干扰但又难以消除时，可通过实验确定干扰成分对分析结果带来误差的校正系数（校正系数随实验条件略有变化），利用校正系数，即可对测定结果进行校正。原则上，一个分析方法对一类试样求得的校正值不能直接应用于其他类型试样测定结果的校正，除非预先已用实验证明或有充分的理论依据说明这种校正方法是可行的。

4. 化验室最常见试剂的规格有哪些?

答:（1）基准试剂：这是一类用于标定容量分析标准溶液的标准参考物质，可作为容量分析中的基准物，也可精确称量后直接配制标准溶液。其主要成分含量一般在 99.95% ~ 100.05%。

（2）优级纯：又称保证试剂，纯度高，杂质含量低，主要用于精密的科学研究和测定工作。

（3）分析纯：质量略低于优级纯，杂质含量略高，用于一般的科学研究和重要的测定。

（4）化学纯：质量较分析纯差，但高于实验试剂，用于工厂、教学实验的一般分析工作。

（5）实验试剂：杂质含量更多，但比工业品纯度高，主要用于普通的实验或研究。

（6）除上述化学试剂外，还有高纯试剂：其可细分为超纯、特纯、高纯、光谱纯及纯度 99.99% 以上的试剂。

5. 一般实验室试剂使用应遵守哪些常识?

答:（1）所有药品、标样、溶液都应有标签。禁止在容器内装入与标签不相符的物品，同时注意试剂瓶的标签完整，包括试剂的名称、规格、重量，若标签掉失应照原样贴牢。分装或配制试剂后应立即贴上标签，无标签的试剂可取小样鉴别后使用，无法鉴别的试剂需慎重处理，严禁乱倒。

（2）禁止使用实验室的器皿盛装食物，禁止用茶杯、食具盛装药品；禁止把烧杯当茶具使用。

（3）稀释硫酸时，必须在硬质耐热烧杯或锥形瓶中进行，应将浓硫酸缓慢注入水中，边倒边搅拌；温度过高时，应等溶液冷却或降温后再继续进行；严禁将水倒入硫酸中。

（4）打开易挥发的试剂瓶塞时，切勿把瓶口对准脸部。室温高时，易挥发试剂易从试剂瓶中冲出，应用冷水降温后再打开瓶塞，尽量在通风橱中操作。

（5）加热易燃溶剂必须在水浴或沙浴中进行，避免明火直接加热。

（6）装过强腐蚀性、可燃性、有毒或易爆物品的器皿，应及时洗净。

（7）移动、开启大瓶液体药品时，不能将大瓶直接放在地面上，应垫于橡胶垫或其他防护垫上。若药品为石膏包封，可用水泡软后打开，严禁锤砸、敲打，以防破裂。

（8）取下正在沸腾的溶液时，应用瓶夹轻摇瓶身后取下，以免液体溅出伤人。

（9）为保证试剂不受沾污，应当用清洁的牛角勺从试剂瓶中取出试剂。若试剂结块可用洁净的粗玻璃棒或瓷药铲将其捣碎后取出。液体试剂可用洗干净的量筒倒取，严禁用吸管伸入原瓶试剂中吸取液体，取出的试剂不可倒回原瓶。取完试剂后要盖紧塞子，切勿盖错瓶塞。

（10）能够挥发出有毒、有味气体的瓶子需用蜡封口。切勿用鼻子对准试剂瓶口嗅闻，如必须嗅试剂的气味，可将瓶口远离，用手在试剂瓶上方扇动嗅闻。严禁品尝试剂。

6. 什么是电解质和非电解质?

答: 化学上把溶解于水后或在熔融状态下能导电的物质称为电解质，不能导电的物质称为非电解质。例如，氯化钠、盐酸等都是电解质，蔗糖、酒精等都是非电解质。

7. 什么是乳浊液?

答: 一种液体以小液滴的形式分散在另一种液体之中形成的混合物，称为乳浊液。如将矿物油和水注入试管中，用力振荡以后，得到乳状浑浊的液体。

8. 什么是缓冲溶液?

答: 由弱碱和它的共轭酸所组成的混合溶液能抵抗外加的少量强酸

或强碱，保持溶液的 pH 值基本不变。化学上把这种抵抗外加少量强酸或强碱，而维持 pH 值基本不发生变化的溶液称为缓冲溶液。例如，NH_3-NH_4Cl 混合液中加入少量强酸或强碱，溶液的 pH 值改变很小。缓冲溶液所具有的抵抗外加少量强酸或强碱的作用称为缓冲作用。

9. 什么是滴定分析法?

答： 滴定分析法是将一种已知准确浓度的滴定剂（即标准溶液）滴加到被测物质的溶液中，直到所加的滴定剂与被测物质按一定的化学计量关系反应为止，然后根据所消耗标准溶液的浓度和体积，计算被测物质的含量。滴定分析法是定量化学分析中最重要的分析方法，主要包括酸碱滴定法、络合滴定法、氧化还原滴定法和沉淀滴定法等。

10. 滴定反应应具备哪些条件?

答：（1）反应必须定量完成，没有副反应。即反应按一定的反应方程式进行，而且进行完全（通常要求 99.9% 以上），这是定量计算的基础。

（2）反应能够迅速地完成。对于速度较慢的反应，有时可通过加热或加入催化剂等方法来加快反应速度。

（3）共存物质不干扰主要反应，或干扰作用能用适当的方法消除。

（4）有比较简便可靠的方法确定滴定终点，如指示剂或物理化学方法。

11. 滴定分析的分类有哪些?

答： 滴定分析按方式分类，有直接滴定法、返滴定法、置换滴定法、间接滴定法。

根据化学反应类型不同，滴定分析法又分为酸碱滴定法、沉淀滴定法、络合滴定法和氧化还原滴定法四种类型。

12. 什么是酸碱滴定法?

答: 酸碱滴定法是以酸碱反应为基础的滴定分析法，又称中和法。酸碱滴定法是以质子传递反应为基础的滴定分析法，不仅有 H^+ 与 OH^- 结合成水的反应，还有与 H^+ 或 OH^- 结合成难离解的弱电解质的反应，在适当条件下，都可以进行酸碱滴定。

在酸碱滴定法中，滴定剂一般都是强酸或强碱，如 HCl、KOH 等；被滴定的物质具有酸性或碱性成分，如 NaOH、酒石酸、油中酸性物质等。

13. 在滴定分析中，怎样正确读取滴定管的读数?

答:（1）在读数时，应将滴定管垂直夹在滴定管夹上，并将管下端悬挂的液滴除去。

（2）透明液体读取弯月面下缘最低点处，深色液体读取弯月面上缘两侧最高点。

（3）读数时，眼睛与液面在同一水平线上，初读与终读应同一标准。

（4）装满溶液或放出溶液后，必须静置片刻再读数。

（5）每次滴定前，液面最好调节在零刻度处。

14. 滴定管使用前应做哪些准备工作?

答:（1）滴定管必须清洗干净。

（2）仔细检查滴定管有无渗漏情况。

（3）装入溶液前，先用蒸馏水清洗后再用溶液润洗。

（4）倒入溶液后检查滴定管内是否存在气泡。

（5）调整液面至零点。

15. 什么是酸碱指示剂?

答: 酸碱指示剂一般是有机弱酸或弱碱，其酸式及共轭碱式具有不同的颜色。当溶液的 pH 值改变时，指示剂失去质子转化为碱式或者获得质子转化为酸式，由于结构上的变化，进而引起颜色的变化，故可用来指示滴定的终点。

16. 什么是基准试剂？应具备哪些条件？

答：在分析化验中，凡能够直接配制成标准溶液的纯物质或已经知道准确含量的物质称为基准试剂。其应具备如下条件：

（1）纯度高（一般要求其纯度在 99.9%以上）。

（2）应具有较好的化学稳定性，在称量过程中不吸收空气中的水或二氧化碳，在放置或烘干时不发生变化或不分解。

（3）有较大的摩尔质量。

（4）参加反应时，按反应式定量进行，不发生副反应。

17. 如何配制 0.2000mol/L 邻苯二甲酸氢钾标准溶液？

答：（1）选择合适的称量瓶，清洗干净，在 105 ~ 110℃下烘箱中烘干。

（2）在烘干后的称量瓶内，装入适量的邻苯二甲酸氢钾基准试剂或优级纯试剂，在 105 ~ 110℃下烘箱中烘 2h，取出后在干燥器内冷却至室温。

（3）在分析天平上称取 40.846g 邻苯二甲酸氢钾，溶于适量除盐水（或二次蒸馏水），移入 1000mL 容量瓶中，并清洗烧杯数次，保证烧杯内的试剂全部转入容量瓶中，再用除盐水（或二次蒸馏水）稀释至刻度。该溶液即为 40.846/（204.2 × 1）= 0.2000mol/L 邻苯二甲酸氢钾标准溶液（邻苯二甲酸氢钾的摩尔质量为 204.2g/mol）。

（4）上述溶液配制是按照 1000mL 的容量进行称量的。如果需要的溶液浓度不变，溶液体积减小或增大，可以按照比例适量减少或增加称量，能获得同样溶液浓度的试剂。

18. 如何配制 0.0500mol/L 氢氧化钾乙醇标准溶液？

答：（1）配制步骤：

1）在清洗干净的烧杯内，称取 3.2g 氢氧化钾优级纯或分析纯试剂，用优级纯无水乙醇溶剂溶解，再移入1000mL容量瓶中，用无水乙醇稀释至刻度，摇匀。静置过夜，使白色不溶性物质沉淀至容量瓶底部。

2）用100mL移液管逐次吸取容量瓶上部清液至试剂瓶中，用橡皮塞密封，待标定。

（2）标定步骤：

1）称取经过105～110℃干燥至恒重的邻苯二甲酸氢钾0.15～0.20g（准确至0.0002g），用新鲜除盐水（或二次蒸馏水）溶解，加热至沸，加入2～3滴1%酚酞指示剂，用待标定的氢氧化钾乙醇溶液滴定至溶液呈淡粉红色。同时作空白试验。

2）氢氧化钾标准溶液的物质的量浓度（c）的计算。

$$c(\mathrm{KOH})=g/[(V_1-V_2)\times 0.2042]$$

式中 g——邻苯二甲酸氢钾的质量，g；

V_1——氢氧化钾乙醇溶液的用量，mL；

V_2——空白试验氢氧化钾乙醇溶液的用量，mL；

0.2042——邻苯二甲酸氢钾的毫摩尔质量，g/mmol。

19. 如何配制BTB指示剂？

答：（1）称样。称取0.5g溴百里香草酚蓝（准确至0.01g）指示剂，在玛瑙研钵内研细，用药匙将研钵内的指示剂转入锥形瓶中。

（2）试样的溶解、转移。用量筒量取100mL无水乙醇溶液，用少量溶液将研钵内的指示剂溶解并转移至锥形瓶中，将量筒内剩余的无水乙醇溶液加入锥形瓶中，摇匀。

（3）调溶液pH。配好的溶液用0.1mol/L氢氧化钾乙醇溶液中和至pH为5.0，以提高指示剂的灵敏性。

20. 溶液储存过程中发生变质的原因有哪些？

答：（1）玻璃会与碱性溶液作用，导致溶液中含有钠、钙、硅酸盐等杂质。尤其对于低浓度离子的标准液不可忽略。低于1mg/mL的离子溶液不能长期储存。

（2）试剂瓶密封不好，空气中CO_2、O_2、NH_3或酸雾侵入使溶液发生变化，如氨水吸收CO_2生成NH_4HCO_3，KI溶液见光易被空气中的O_2氧化生成I_2变为黄色，$FeSO_4$、Na_2SO_3等还原剂溶液易被氧化。

（3）某些溶液见光分解，如硝酸银、汞盐等；有些溶液放置时间较长后逐渐水解，如铋盐、锑盐等；Na_2SO_3会因微生物作用浓度逐渐降低。

（4）易挥发组分的挥发，浓度降低，实验出现异常现象。

21. 简述石油的主要元素及烃类组成。

答： 在大部分石油中，主要元素有碳（C）、氢（H）、硫（S）、氮（N）、氧（O），其中碳的含量介于84%～87%，氢的含量界于12%～13%，而硫、氮及氧的含量一般约占1%～3%。石油包括的烃类主要有烷烃、环烷烃、芳香烃、烯烃、炔烃和非烃化合物等。

22. 电力用油的炼制工艺主要包括几个工序？

答：（1）预处理。由于原油刚开采出来经沉降分离后仍具有一定数量的水分、泥沙、盐类等杂质，在分馏前必须进行脱盐、脱水。

（2）常压、减压蒸馏。根据原油中各类烃分子沸点不同，采用加热和分馏设备将油进行多次部分气化和冷凝，使气液两相充分进行热量和质量交换，达到分离的目的。

（3）精制。常压、减压蒸馏得到的馏分，仍含有一些杂质，不能直接使用，必须进一步进行精制。

（4）脱蜡。为了改善油的低温流动性，在过程中通常要进行脱蜡。

（5）调和。根据需要加入有关添加剂进行调和，使成品油符合有关产品质量要求。

23. 石油产品的危险性表现有哪些?

答:（1）易燃性。石油产品一般是碳氢化合物组成的混合物，遇火或受热易发生燃烧。油品燃烧危险性的大小可以通过闪点、燃点和自燃点判断。在石油产品中，如汽油、煤油、轻柴油的闪点较低，遇到火源易发生燃烧。

（2）易挥发性。石油产品在常温下易挥发。在通风不良的有限空间内，如发生泄漏或者跑冒事故时，形成爆炸性混合气体的概率较高，燃爆的危险性较大。

（3）易爆性。石油产品爆炸极限的下限通常较低，同时油品具有易挥发性，因此，油品蒸气易达到爆炸极限，汽油的体积浓度爆炸极限为1.4%~7.6%，在通风不良的有限空间，如发生泄漏或者跑冒事故时易达到爆炸极限范围，遇到火源时易发生爆炸事故。

（4）最小点燃能量低。石油蒸气的最小点燃能量通常较低，如汽油蒸气的最小点燃能量仅为0.1~0.2mJ。

（5）静电集聚性。石油产品的电阻率较高，一般在1×10^{7}~$1\times10^{13}\Omega\cdot m$之间，因此，石油产品的静电积聚能力较强。石油产品在输送、装卸、运输作业过程中，由于流动摩擦、冲击、过滤等原因，会产生大量的静电，静电积聚到一定量时，会形成静电放电，当放电火花能量超过油品蒸气的最小点燃能量时，会引起燃烧或爆炸。

（6）生物毒性，石油产品因其化学结构、蒸发速度和所含添加剂性质、加入量不同而具有一定的毒性。基础油中的芳香烃、环烷烃毒性较大，油品中加入各种添加剂，如抗爆剂(四乙基铅)、防锈剂、抗腐剂等都有较大的毒性。尤其是一些地下油库，长时间未通风，当工作人员进入库内工作时，有毒物质通过呼吸道、消化道和皮肤侵入人体造成头晕、恶心、浑身无力，严重的可造成昏迷。

（7）易变质性。石油产品与空气、水分、金属等介质接触时容易发生化学反应，使油品变质，影响使用。两种不同类油品或不同牌号的同类油品相混时，会发生化学反应，导致油品变质。

24. 电力系统广泛使用的油品有哪些？并简述其用途。

答： 电力系统常用的油品有变压器油、涡轮机油、抗燃油等。其中，变压器油主要用于变压器、电抗器、互感器、套管等电气设备，具有绝缘、冷却、灭弧及对绝缘材料保护等作用；涡轮机油主要用汽轮机发电机组、水轮机组及调速机的油系统，具有润滑、液压调速、冷却散热和密封等作用；抗燃油作为液压工作介质广泛用于汽轮机组调节系统，具有传递能量、润滑机械、密封间隙、减少摩擦和磨损、防止机械锈蚀和腐蚀、冷却、冲洗等作用。

25. 简述油品添加剂的种类。

答：（1）抗氧化添加剂。

（2）黏度添加剂。

（3）降凝剂。

（4）防锈添加剂。

（5）抗泡沫添加剂。

（6）破乳化剂。

26. 什么是绝缘材料？

答： 绝缘材料又称电介质，是电阻率高、导电能力低的物质。绝缘材料可用于隔离带电或不同电位的导体，使电流按一定方向流通。在变压器产品中，绝缘材料还具有散热、冷却、支撑、固定、灭弧、防潮、防霉、改善电位梯度和保护导体等作用。

27. 变压器绕组的要求有哪些？

答：（1）适应各种电应力，具有足够的绝缘强度。

（2）足够的绕组冷却能力，有足够的空间留给绝缘介质和冷却通道。

（3）具有足够的机械强度。

（4）损耗低。

28. 常用的绕组导体材料有哪些？各有什么优势？

答： 常用的绕组导体材料有铜线和铝线。

铜线绕组的主要优点：①机械强度高；②导电性好，绕组体积可缩小。

铝线绕组的主要优点：①价格相对便宜；②质量较轻。

29. 简述变压器的定义和结构。

答： 变压器是由两个或多个相互耦合的绕组组成，根据电磁感应原理在同样频率的回路之间通过不断改变磁场来传输功率的电气设备。

变压器主要由三个基本部件（一次绕组、二次绕组和铁芯）和绝缘系统组成，另外还包括油箱、套管、冷却剂或冷却装置等。变压器具体结构如图 1–1 所示。

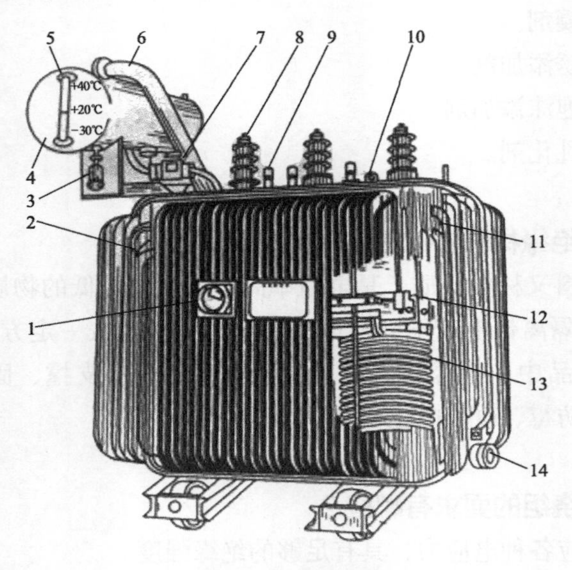

图 1–1 变压器结构

1—信号式温度计；2—铭牌；3—吸湿器；4—储油柜；5—油表；6—防爆筒；7—气体继电器；8—高压套管；9—低压套管；10—分接开关；11—油箱；12—铁心；13—绕组及绝缘；14—放油阀门

30. 变压器绝缘系统中的固体绝缘材料的功能有哪些？

答：（1）在遇到较高压情况时，能耐受高介电强度的能力。

（2）具有耐受由短路产生的机械应力和热应力的能力。

（3）具有防止热的过度积累的传热能力。

（4）具有在适当维护条件下和可接受的运行寿命期内，能保持所需的绝缘和机械强度能力。

31. 变压器内纤维素纸劣化的表现方式有哪些？

答：（1）纤维素材料的断裂。

（2）纤维素机械强度的下降。

（3）纤维素材料的收缩。

32. 矿物绝缘油有哪些分类？

答：电力系统使用的矿物绝缘油可按照产品类别和抗氧化添加剂含量进行分类。

（1）按照产品类别，可分为变压器油和低温开关油两大类，其中变压器油又分变压器油（通用）和变压器油（特殊）两种。

（2）按照抗氧化添加剂含量，可分为不含抗氧剂油、含微量抗氧剂油和含抗氧剂油三个品种。其中，不含抗氧剂油用 U 表示，含微量抗氧剂油用 T 表示，含抗氧剂油用 I 表示。

33. 变压器油结构族组成有哪些？

答：结构族组成（碳型结构）是将组成复杂的基础油简单看成是由芳香环、环烷环和烷基侧链三种结构组成的单一分子，分别用 C_A、C_N、C_P 表示上述三种碳原子分布的百分数。

按照加工精制所用石油组成的成分不同，绝缘油分为环烷基、石蜡基和中间基油三种。一般采用碳型结构来区分绝缘油的基属，通常的区分是：$C_P < 50\%$ 为环烷基油，$50\% \leqslant C_P \leqslant 56\%$ 为中间基（混合基）油，$C_P > 56\%$ 为石蜡基油。

34. 石蜡基油与环烷基油在性能上有哪些区别?

答:（1）残炭杂质的沉降速度。在开断电流能量的作用下，油浸断路器（开关）设备中的绝缘油分解产生残炭。石蜡基油产生的残炭，沉降速度缓慢，导致设备内的关键区域绝缘强度降低，造成设备相对闪络。环烷基油在开断后生成的残炭沉降速度很快，不会影响设备的绝缘。

（2）低温性能。石蜡基油在较低温度下（0℃以下），会有蜡的结晶析出。蜡在油中呈溶解状态时不会造成绝缘影响，但蜡是一种不良的绝缘体，当从油溶液中析出后，既降低设备的绝缘性能，又影响传热，还会造成变压器放油嘴的堵塞，影响正常取样分析检测。而环烷基油即使在 –40℃时，都可正常工作且不会影响绝缘性能，低温性能是环烷基油最显著的特性。

（3）酸的生成。正常情况下，石蜡基油比环烷基油更容易劣化分解生成各种类型的酸性物质。

（4）气体的析出。石蜡基油在高电场作用下，油质劣化分解从油中释放出氢气。环烷基油中 C–H 不饱和键在高电场的作用下，吸收氢气分子形成 C–H 饱和键，形成化学结构更稳定的环烷基，这种特性对超高压设备用油具有十分重要的意义。

（5）闪点。环烷基油的挥发性高于石蜡基油，因此环烷基油的闪点比石蜡基油的闪点低。

35. 变压器油电气性能指标主要有哪些?

答: 变压器油的电气性能是指该油品在外界电场作用下，所发生的基本物理过程的特性。电气性能的优劣（析气性除外）与自身组成成分无关，主要受外界水分、杂质等污染，或自身氧化产物的影响而使其性能下降。电气性能指标主要有击穿电压、介质损耗因数、电阻率、带电倾向度等。

36. 简述变压器油的作用。

答:（1）绝缘作用。在电气设备中，绝缘油可将不同电位（电势）的带电部分隔离开来，油浸入纤维绝缘内部提高了纤维绝缘的绝缘强度，而纸(板)对油的屏障作用又提高了油隙的绝缘强度，因而提高了变压器整体的绝缘性能。

（2）冷却散热作用。在绝缘油吸热作用下，线圈以及铁心内部的热量，被绝缘油吸收，通过绝缘油的循环流动，在油箱壁和冷却器的散热片上将热量散发到周围环境中，降低了设备的运行温度。一般大容量的变压器大部分采用强油循环的冷却方式。

（3）灭弧作用。在开关设备中，绝缘油主要起灭弧作用。当油浸开关在开断而受到电弧作用时，由于高温会使油发生剧烈的热分解，产生大量的氢气，吸收大量的热，将此热量传导至油中，实现触头冷却作用，从而达到了消弧的目的。

（4）间接状态载体作用。绝缘油是充油设备的“血液”，通过不同方法检验，能反映设备内正常与否的运行状态。如油中含气量的增加显示了设备密封上的缺陷等。

（5）保护作用。油能起到使铁心和线圈等组件与空气和水分隔离的作用，避免锈蚀和直接受潮；延缓氧对纤维绝缘材料等的氧化作用。

37. 变压器油品成分有哪些氧化特性?

答: 变压器油中含有三种主要烃类化合物，芳香烃的氧化能力最小，烷烃次之，环烷烃的氧化能力最强。

（1）芳香烃。无侧链的芳香烃很稳定，不易发生芳香环的开裂，芳香烃的氧化产物为酚和缩合物；而带有侧链的芳香烃，其氧化能力急剧上升，侧链愈多、链愈长，氧化能力越强。

（2）环烷烃比芳香烃易氧化，随其分子结构的复杂性和分子量的增加，被氧化的能力增强。环烷烃的氧化产物主要是酸和羧基酸，也有少量的树脂类缩合产物。

（3）烷烃。烷烃的氧化能力随温度升高而增强，其氧化产物主要有羧酸、醇、醛、酮、醚。当其进一步深度氧化时（如高温或长时间），或有分支结构时，烷烃才生成羟基酸及其缩合物和少量树脂。

（4）混合烃的氧化。几种烃混合氧化异于单独存在时的氧化，无侧链的芳香烃，单独存在时比环烷烃要稳定，但和环烷烃同时存在时，芳香烃首先氧化，起到抗氧化剂作用。油品的组成以混合烃居多，在精制的过程中，过度精制则会损耗较多芳香烃，从而使油品的抗氧化性能降低。

38. L-TSA32 号和 L-TSA46 号的汽轮机油适用于哪些发电机组?

答： L-TSA32 号汽轮机油适用于 3000r/min 及以上的汽轮机组和 1000r/min 以上的水轮机组。L-TSA46 号汽轮机油适用于 3000r/min 以下至 2000r/min 汽轮机组和 1000r/min 以下的水轮机组。

39. 齿轮油的作用有哪些?

答：（1）减少齿轮与其他部件的摩擦，降低磨损，提高齿轮使用寿命。

（2）散热，起到冷却的作用。

（3）减缓部件的锈蚀。

（4）冲洗齿轮面间的杂质，减轻摩擦。

（5）降低工作噪声，减轻振动和齿轮间的冲击。

40. 汽轮机油的主要作用有哪些?

答：（1）润滑作用。在汽轮机颈与轴承之间用汽轮机油膜隔开，避免轴径和轴瓦的直接接触，降低摩擦损耗。

（2）冷却散热作用。在汽轮机设备中有油循环系统，油中热量一部分在油箱内散失，一部分通过冷油器进行冷却，冷却后的油又进入轴承内将热量带走，如此反复循环，油对机组的轴承起到冷却散热的作用。

（3）密封作用。发电机采用氢气冷却，为防止运行中氢气外漏，机组配制了密封油系统，在发电机两端轴伸出处的轴与轴瓦之间起到密封的作用。

（4）用作调速系统的工作介质。汽轮机油可做压力传导介质，用于汽轮发电机组的调速系统，可使压力传导于油动机和蒸汽管上的油门装置，以控制蒸汽门的开度，使汽轮机在负荷变动时，仍能保持额定的转速。

41. 润滑系统的作用有哪些？

答：（1）向汽轮机—发电机组的所有轴承和轴封连续不断地提供合格的润滑油。

（2）为汽轮机调节安保系统提供控制汽门的动力。

42. 简述润滑系统的主要部件及作用。

答：（1）油泵：使油从油箱到轴承、轴封和控制装置进行强迫循环。

（2）主油箱：为汽轮机—发电机组运行时提供润滑油和停机后储存润滑油。

（3）润滑油管道：润滑系统主管道由上百米的管子组成。

（4）冷油器：散发油在循环中获得的热量。

43. 简述抗燃油抗燃性的含义。

答：抗燃是指在明火或高温热源处不易燃烧，有较好的阻燃能力。目前广泛采用的抗燃油的自燃点均在530℃以上，即使抗燃油在一定着火条件下燃烧，火焰也不会扩散，且当火源撤离时可自行熄灭。

44. GIS 主要由哪些电气设备组成？

答：GIS 全称是气体绝缘全封闭组合电器，主要由断路器、隔离开关、接地开关、互感器、避雷器、母线、连接件和出线终端等组成。其设备或部件全部封闭在金属接地的外壳中，内部充有一定压力的 SF_6 绝缘气体，故也称 SF_6 全封闭组合电器。

45. 什么是色谱法?

答： 色谱法又称色层法或层析法，利用不同溶质（样品）与固定相和流动相之间的作用力（分配、吸附、离子交换等）的差别，当两相相对移动时，使混合物中各组分在两相间进行分配，由于各组分在性质与结构上不同，与固定相发生作用的大小、强弱存有差异，因此在同一推动力作用下，不同组分在固定相中的滞留时间有长有短，从而按先后不同的次序从固定相中流出，使各溶质达到相互分离。这种在两相分配原理使混合物中各组分获得分离的技术，称为色谱分离技术或色谱法。

固定相：在色谱分离中固定不动、对样品产生保留的一相。

流动相：与固定相处于平衡状态、带动样品向前移动的另一相。

46. 什么是色谱分析中的外标法? 具有哪些特点?

答： 外标法指选取包含样品组分在内的已知浓度（c_s）的物质作为标准物，注入色谱仪，测量该已知浓度外标物的峰高（h_s）或峰面积（A_s），再取相同进样量的被测样品，在同样条件下进行色谱试验，获得各组分的峰高（h_i）或峰面积（A_i）。通过被测样品和已知浓度外标物进行峰高或峰面积比较（在一定的浓度范围内，组分浓度与峰高或峰面积呈线性关系），得出被测样品的浓度（c_i）。

外标法是常用的定量方法，其优点是操作简便，计算简单。其结果的准确性主要取决于进样的重现性和操作条件的稳定性。

47. 气相色谱仪由哪些系统组成?

答： 气相色谱仪主要包括气路系统、进样系统、色谱柱、检测系统、温度控制系统和数据记录与处理系统等，其中色谱柱和检测器是色谱仪的两个关键部分。气相色谱仪系统组成如图 1-2 所示。

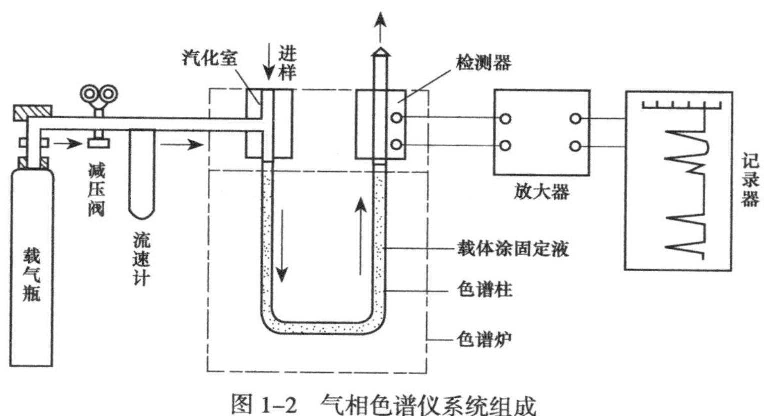

图 1-2　气相色谱仪系统组成

48. 简述热导检测器（TCD）的原理及特点。

答： 原理：不同的物质具有不同的热导系数，热导检测器是根据载气中混入其他气态物质时热导率发生变化的原理制成的。

特点：具有结构简单，灵敏度适宜，稳定性较好、线性范围宽的特点。它对所有物质都有响应，是气相色谱法应用最广泛的一种检测器。热导检测器的最小检测量可达 1×10^{-8}g，线性范围约为 1×10^{5}。

49. 简述氢焰检测器（FID）的原理及特点。

答： 原理：氢焰检测器是根据气相色谱流出物中可燃性有机物在氢—氧火焰中发生电离的原理制成的。

特点：具有灵敏度高、死体积小、响应时间快、线性范围广等优点。它对大多数有机化合物有很高的灵敏度，一般比热导检测器高几个数量级，主要用于含碳有机化合物的分析。氢焰检测器最小检测量可达 1×10^{-12}g，线性范围约为 1×10^{7}。

50. 气相色谱分析对检测器有何要求？

答：（1）灵敏度高、线性范围宽。

（2）工作性能稳定、重现性好。

（3）对操作环境条件变化不敏感，噪声小。

（4）死体积小，响应快，响应时间一般应小于 1s。

51. 简述等离子体的定义及等离子光源的分类。

答： 等离子体一般指电离度超过 0.1% 被电离的气体，该气体不仅含有中性原子和分子，还含有大量的电子和离子，且电子和正离子的浓度处于平衡状态，从整体来看是处于中性的。

最常用的等离子体光源有三类：即电感耦合等离子体炬（ICP）、直流等离子体喷焰（DCP）和微波感生等离子体炬（MIP）。

52. 简述 ICP 光源的气流分类及其作用。

答：（1）冷却气。沿切线方向引入外管，主要起冷却作用，保护石英炬管免被高温所熔化，使等离子体的外表面冷却并与管壁保持一定的距离。其流量约为 10～20L/min，视功率的大小以及炬管的大小、质量与冷却效果而定，冷却气也称等离子气。

（2）辅助气。通入中心管与中层管之间，其流量在 0～1.5L/mim，其作用是"点燃"等离子体，并使高温的 ICP 底部与中心管、中层管保持一定的距离，保护中心管和中层管的顶端，尤其是中心管口不被烧熔或过热，减少气溶胶所带的盐分过多地沉积在中心管口上。另外它又起到改变等离子体观察度的作用。

（3）雾化气，也称载气或样品气。其作用：①作为动力在雾化器将样品的溶液转化为粒径只有 1～10μm 的气溶胶；②作为载气将样品的气溶胶引入 ICP；③对雾化器、雾化室、中心管起清洗作用。雾化气的流量一般在 0.4～1.0L/min 或压力在 15～45psi（1psi=6.895kPa）。

53. ICP 的主要优点有哪些？

答：（1）检出限低。

（2）测量的动态范围宽。

（3）准确度好。

（4）基体效应小。

（5）精密度高。

（6）曝光时间短。

（7）可同时分析多种元素。

54. 原子发射光谱分析的误差主要来源是光源，则在选择光源时应尽量满足哪些要求？

答：（1）高灵敏度。

（2）低检出限，能对微量和痕量成分进行检测。

（3）良好的稳定性，试样能稳定地蒸发、原子化和激发，分析结果具有较高的精密度。

（4）谱线强度与背景强度之比大（信噪比大）。

（5）分析速度快。

（6）结构简单，易操作。

（7）自吸收效应小，校准曲线的线性范围宽。

55. 高效液相色谱仪主要由哪些部件组成？

答： 高效液相色谱仪一般包括贮液器、高压泵、梯度洗提装置、进样器、恒温器、检测器、数据处理装置等部件。

56. 简述玻璃电极测定 pH 值的优缺点。

答： 用玻璃电极测定 pH 值的优点是其对 H^+ 具有高度的选择性，浸泡后即可使用，响应快，可在有色溶液、胶体溶液和有深色沉淀的溶液中使用，还可作指示电极进行电位滴定；缺点是玻璃电极的膜极薄，易损坏，本身电阻高达数百兆欧，必须用高阻抗输入的电位差计（pH 计）才能进行测定。

57. 玻璃电极测定 pH 值的适用范围是多少?

答: 玻璃电极电阻随温度变化,一般在 5 ~ 60℃使用。通常在测定酸度过高($pH < 1$)和碱度过高($pH > 9$)的溶液中,其膜电位与 pH 值间的线性关系会发生偏离,使测定产生误差,因此一般玻璃电极的适用范围是 pH 值在 1 ~ 9。

58. 简述电位滴定法的基本原理。

答: 电位滴定法是根据指示电极(包括离子选择性电极)的电位在滴定过程中的变化来确定滴定终点的方法。进行电位滴定时,在待测溶液中插入指示电极和参比电极,组成工作电池。随着滴定剂(标准溶液)的滴入,发生化学反应,使待测离子的浓度不断发生变化,指示电极的电位相应地发生变化。滴定理论终点附近时,会引起指示电极的电位发生突跃,使工作电池的电动势发生突跃。在滴定过程中不断测定该电池的电动势,由电动势的突跃可确定滴定终点,由滴定终点所消耗的滴定剂(标准溶液)的体积(mL)和已知浓度求得待测物质的含量。

59. 闭口闪点仪由哪几部分组成?

答:(1)控制系统:微型计算机控制着整个系统的运行。

(2)机械传动:包括杯盖升降、搅拌、开盖等组成。

(3)加热器:为仪器加热提供试验所需的温度并对升温速度进行控制。

(4)点火系统:由电磁阀、调节阀、点火器等部件组成。

(5)捕捉系统:自动锁定仪器闪点值,由闪点传感器及反馈电路组成。

(6)打印、冷却:完成试验后,由打印机打印最终闪点结果,并由风机对加热器进行冷却。

60. 油品在低温下失去流动性的原因有哪些?

答:（1）黏温凝固。油品在低温时黏度增大，当增大到一定程度时，流动的油品变成凝胶体，油品失去流动性。

（2）构造凝固。油中石蜡形成网状结晶，导致吸附凝聚分子，当延展到全部液体，液体的油品被包围在其中，形成凝胶体，油品失去流动性。

61. 气体在油中的溶解度指什么? 其影响因素有哪些?

答: 在一定温度和压力下，变压器等设备内产生的气体逐步溶解于油中，当气体在油中的溶解速度等于气体从油中析出的速度时，气、油两相处于动态平衡（气体在油中达到饱和状态），此时油中溶解的气体量，即为气体在油中的溶解度。影响油中气体溶解度的主要因素是压力和温度。

（1）压力：当其他条件相同时，气体在油中的溶解度随压力的变化而变化，即压力增大时，气体溶解度增大；反之，则减小。

（2）温度：温度的变化对气体的溶解有一定影响。温度改变时，对不同气体的溶解度产生不同的影响，H_2、CO、N_2 和 O_2 随温度的升高气体的溶解度增大，大部分烃类气体的溶解度随温度的升高而减小。

第二章　电力用油检测技术

62. 简述油中机械杂质的定义、测定意义及计算过程。

答： 油中的机械杂质，是指存在于油品中所有不溶于溶剂（汽油、苯）的沉淀状态或悬浮状态的物质。

绝缘油中如含有机械杂质，会引起油质的绝缘强度、介质损耗因数及体积电阻率等电气性能下降，威胁电气设备的安全运行。汽轮机油中如含有机械杂质，特别是坚硬的固体颗粒，可引起调速系统卡涩、机组的转动部位磨损等潜在故障，威胁机组的安全运行。

计算过程如下：

$$x=\frac{(m_2-m_1)-(m_4-m_3)}{m}\times 100\,\%$$

式中　x——试样的机械杂质含量，%；

m_1——滤纸和称量瓶的质量（或微孔玻璃滤器的质量），g；

m_2——带有机械杂质的滤纸和称量瓶的质量（或带有机械杂质的微孔玻璃滤器的质量），g；

m_3——空白试验过滤前滤纸和称量瓶的质量（或微孔过滤器的质量），g；

m_4——空白试验过滤后滤纸和称量瓶的质量（或微孔过滤器的质量），g；

m——试样的质量，g。

63. 油品机械杂质的测试方法是什么？

答： 称取一定量的油样，溶于合适的有机溶剂中，用已恒重的滤器过滤，使油中所含的固体悬浮粒子分离出来，再用溶剂把油全部冲洗净，对被留在滤器上的杂质进行烘干和称重即可得到油中机械杂质含量。

64. 油品机械杂质试验的注意事项有哪些？

答：（1）称取试样前必须充分摇匀。

（2）所有溶剂在使用前应经过滤处理。

（3）所选用滤纸的疏密、厚薄以及溶剂的种类、数量最好是相同的。

（4）空滤纸不能和带沉淀物的滤纸在同一烘箱里一起干燥，以免空滤纸吸附溶剂及油类的蒸气，影响滤纸的恒重。

（5）到规定的冷却时间时，应立即迅速称量，以免长时间后，由于滤纸的吸湿作用，影响恒重。

（6）过滤的操作应严格遵照重量分析的有关规定。

（7）所用的溶剂应根据油品的具体情况及技术标准选用。否则，所测得结果无法比较。

65. 简述气相色谱法检测过程。

答：载气首先进入气路控制系统，经减压阀减压后，进入载气净化干燥管以除去载气中的水分等杂质。由针形阀控制载气的压力和流量，流入进样装置把样品带入色谱柱，试样通过进样器注入，由载气携带进入色谱柱，将各组分分离后依次进入检测器，经检测后放空。检测器所检测到的电信号，传输至数据记录与处理系统描绘出各组分的色谱峰，得到色谱图。

66. 变压器油中气体组分含量测试的方法、原理是什么？

答：经脱气装置从油中得到的溶解气体的气样或从气体继电器所取的气样，均可采用气相色谱仪进行组分含量分析。利用气体试样中各组分在色谱柱中的气相和固定相间的分配及吸附系数不同，由载气把气体试样带入色谱柱中进行分离，通过检测器检测各气体组分，根据各组分的保留时间和响应值进行定性、定量分析，气体试样中各组分浓度用色谱数据处理软件进行结果计算。

67. 测定油中含气量装置的基本要求有哪些?

答:（1）完全从油中脱出全部气体，一般要求脱气率应达到97%~99%。

（2）装置应气密性好，有较高的真空度。一般要求真空系统的残压不高于0.3mmHg。

（3）能准确测出被脱气试油体积和脱出气体体积，要求体积测量最好能精确到两位有效数字。

（4）气体从油中脱出后，应尽量防止气体对油的回溶。

（5）脱气后能完全排净残油和残气。

68. 简述测定油中气体组分含量的意义。

答: 油中可燃气体一般都是由于设备的局部过热或放电导致绝缘油分解产生的。产生可燃气体的原因需及时查明和消除，避免影响设备的安全运行。因此采用气相色谱法测定油中气体组分，对于消除变压器的潜伏性故障是十分必要。

69. 简述油中溶解气体、含气量、水分取样应采用的取样器及注意事项。

答: 油中溶解气体、含气量分析用100mL玻璃注射器取样；油中水分分析用10mL或20mL玻璃注射器，注射器应气密性好，注射器芯应无卡涩，可自由滑动，应装在避光、防振、防潮的专用盒内。取样注射器使用前，应按顺序用有机溶剂、自来水、蒸馏水洗净，在105℃下充分干燥，或采用吹风机热风干燥。干燥后，立即用小胶头封住头部，粘贴标签待用。

70. 简述绝缘油在电场作用下析气性的测定意义。

答: 油的析气性能差，在高电应力和电离作用下会产生气体，形成许多小气泡逸出，易聚积，导致气隙放电；相反，若油的析气性能好，在电应力和电离作用下产生气体会被油吸收，不至于引起气隙放电，导致油分解等。

71. 简述测定油中含气量的目的。

答： 对于超高压电气设备，一般都要求装入设备中的油品应有较低的含气量，以减少气隙放电的可能性，降低绝缘油由于放电带来的老化分解。

72. 变压器油中气体组分含量试验的注意事项有哪些？

答： 由于振荡脱气法人工环节较多，因此为确保绝缘油中的溶解气体组分含量测试的准确性，需注意做好以下工作：

（1）气相色谱仪每两年应进行计量检定。

（2）每次试验都要使用有证标准浓度气体进行校核，校核的峰强度不应与前几次测试值有明显偏离，否则要查明原因。

（3）由于绝缘油中的溶解气体组分含量测试的准确性与玻璃注射器的气密性关系较大，因此，要确保所用的玻璃注射器气密性良好，刻度准确。刻度可用重量法进行校正（机械振荡法用 100mL 注射器，应校正 40.0mL 的刻度）。气密性检查可用玻璃注射器取可检测出氢气含量的油样，储存至少两周，在储存开始和结束时，分析样品中氢气含量，以检验注射器的气密性。合格的注射器，每周允许损失的氢气含量应小于 2.5% 。

（4）样品进样操作和标定时进样操作一致，做到“三快”、“三防”。进样气的重复性与标定一样，即重复二次或二次以上的平均偏差应在 1.5% 以内。

“三快”：①进针要快、要准；②推针要快（针头一插到底，即快速推针进样）；③取针要快（进完样后稍停顿一下立刻快速抽针）。

“三防”：①防漏出进样气（注射器要进行严密性检查，进样口硅橡胶垫勤更换；防止柱前压过大冲出注射器芯；防止注射器针头堵死）；②防进样气失真（不要在负压下抽取气样，以免带入空气；减少注射器“死体积”的影响，如用注射器定量卡子，用样气冲洗注射器，使用同一注射器进样等）；③防操作条件变化（温度、流量等运行条件稳定；标定与分析样品使用同一注射器、同一进样量、同一仪器信号衰减挡等）。

73. 变压器油色谱分析前处理（振荡法）测试的注意事项有哪些?

答:（1）机械振荡法用100mL玻璃注射器，应校正40.0mL的刻度。

（2）采用100mL玻璃注射器抽取油样操作过程中，应注意防止空气气泡进入油样注射器内。

（3）加平衡载气时，缓慢将氮气（或氩气）注入有试油的注射器内，加载时间控制在45s左右，否则会对测试结果造成很大影响。

（4）为了使平衡气完全转移，也不吸入空气，应采用微正压法转移。

（5）气体自油中脱出后应尽快转移到玻璃注射器中，以免发生回溶而改变其组成。

（6）脱出的气体应尽快进行分析，避免长时间储存，造成气体逸散。

（7）对于测试过故障气体含量较高的玻璃注射器，应采用清洁干燥的棉布或柔韧的纸巾对其擦拭，而后注入新油清洁，以免污染下一个油样。

74. 色谱仪FID基线不稳定（热导稳定）应如何排查及处理?

答:（1）参数检查：TCD稳定，说明气源、温控等正常，应先检查仪器操作及与FID有关的参数是否正常，若正常，进行下一步检查。

（2）熄火检查：氢火焰熄灭后，观察仪器基线记录情况，若基线平稳，则判定为气路、检测器故障；若基线记录仍不合格，说明电路部分、工作站有故障。

1）熄火后不稳定：电路或工作站问题，加衰减看是否变化（不变则与接地有关），可按工作站→色谱电路→放大器的先后顺序排查，另外还可用两个放大器信号线对调进行比较的方法。

2）熄火后稳定：可能是三路气体或检测器引起，可以先关闭氮气，观察基线是否稳定，若稳定则证明氮气气路有污染，可用干净气路管分别短路进样口、色谱柱、转化炉等附件，进一步缩小范围。

3）若空气和氢气气路污染，也会影响氢火焰的基线稳定性，可采用分段法逐步排除。

（3）气路配比检查：气路中氮气、氢气和空气流量的相对大小对于稳定的火焰来说关系很大，火焰不稳定时基流和噪声也随之增大，一般 N_2 ∶ H_2=3 ∶ 2，空气的流量一般不低于 250mL/min。

（4）基线漂移与波动检查：若是单纯性的基线漂移与波动，分别观察色谱柱室温度与检测器温度的变化，应观察柱室与检测器的温度变化趋势和基线漂移趋势，核对两者周期是否一致，如两者有同步现象，则是温控系统故障。

75. 色谱仪 TCD 基线不稳定（FID 稳定）应如何排查及处理？

答：（1）关桥流后看是否稳定：如稳定，说明热导池或气路部分有故障；如不稳定，说明电路或工作站有故障，可把两个信号通道调换一下。

（2）若判断是热导池或气路部分故障，同样可用干净气路管短路的方法缩小范围。

（3）若是电路部分故障，可测量热导池电阻是否平衡、热导池电压、桥流开关等。

76. 色谱仪峰形畸变应如何检查？

答：（1）检查流量或温度是否稳定：在流量波动太大或温度不稳定时，均会造成峰形畸变或基线不稳定现象。

（2）进样方面检查：如果进样时注射器有回弹现象或重复进针，也会造成峰形畸变现象。

（3）检查色谱柱是否污染：色谱柱污染包括受潮和进油污染。如果是受潮污染伴随的现象是漂移严重，此污染可通过增大载气流量和提高色谱柱温度进行老化处理。进油污染常见的是分离 H_2、CO、CO_2 的色谱柱污染，该柱比较短，被污染时伴随的现象是 CO、低组分 CH_4 和 CO_2 分离不好，同时还会有拖尾现象。处理该污染非常麻烦，根本的解决办法是更换色谱柱。

77. 色谱仪出峰异常时应进行哪些常规检查？

答：（1）检查记录系统的信号传输是否正常：可将信号线的两个端子互相触碰，观察对应的数据处理系统的信号电压是否有波动，判断传输是否正常。

（2）检查各路压力和流量：异常的出峰通常是由于气源引起的，对于一台调试后的仪器均有与之对应的三路气体（N_2、H_2 和空气）的压力和流量，通过对比异常时与调试时的压力和流量记录，即可排除故障。

（3）检查各路的温度是否正常：检查方法是观察显示的实际温度与实际设定的温度是否相符。例如转化炉不升温或温度太低将使 CO 和 CO_2 不出峰或灵敏度变低。

（4）检查是否漏气或堵塞：气源、进样口、注射器的针管与管芯之间和针管与针头之间，均是常见的漏气部位。

如果是气源漏气，一般多发生在更换净化器之后，此时要用皂液重点检查净化管的连接处。如果是色谱仪漏气，常发生在进样口处，判断进样口漏气的方法是色谱测到的流量增大、出峰变低。当进样口里的进样胶垫由于进样次数较多或更换的进样胶垫安装不好，可能产生漏气，应及时更换进样胶垫并确保安装到位。注射器也是漏气和堵塞的常见部件，常用的检漏方法是先用胶垫将针头密封，多次推拉注射器芯检查是否能复位，或可将整个注射器放入水中，通过推拉注射器检查是否存在漏气的部位。

（5）检查标准气是否失效：一般标准气的有效期是一年，若标准气瓶压力太低或进样时采集的是减压阀里的残余标准气，会使组分的灵敏度变低。正确方法是先将减压阀里的残余气体排净，用注射器直接取气，禁止将标准气先转移再取气。

78. 色谱仪氢火焰离子化检测器不出峰（包括 FID1 和 FID2），应如何诊断和处理？

答：（1）检查两氢火焰是否点火成功。检查方法是用光亮的冷金属面放在氢火焰出口处，观察是否有水蒸气生成，或者通过改变氢气流量观察相对应的基线是否有波动。

（2）若通过验证点火失败，则要重新点火，如果仍点火失败则需检查氮气、氢气和空气压力表指示是否正常，助燃氢气是否打开以及点火源是否正常。

（3）如果是 FID2 不出峰，还要检查信号切换是否正常。

79. 色谱分析中提高热导检测器灵敏度的方法有哪些？

答：（1）在允许的工作电流范围内加大桥流。

（2）用热导系数较大的气体作载气。

（3）当桥流固定时，在操作条件允许的范围内，降低池体温度。

80. 取色谱分析油样一般应注意哪些事项？

答：（1）放尽取样阀中残存油。

（2）连接方式可靠，连接系统无漏油或漏气缺陷。

（3）取样前应将取样容器、连接系统中空气排尽。

（4）取样过程中，油样应平缓流入容器。

（5）对密封设备在负压状态取样时，应防止负压进气。

（6）取样过程中，不允许人为对注射器芯施加外力。

（7）从带电设备和高处取样，注意人身安全。

81.色谱仪标定应注意哪些事项?

答:(1)确保标准气的使用期在有效期内。

(2)标定仪器应在仪器运行工况稳定且相同的条件下进行,两次标定的重复性应在其平均值的 ±1.5%以内。

(3)要使用标准气对仪器进行标定,注意标准气要用进样注射器直接从标准气瓶中取气,而不能使用从标准气瓶中转移出的标准气标定,否则影响标定结果。

82.色谱仪进样操作应注意哪些事项?

答:(1)进样操作前,应观察仪器稳定状态,只有仪器稳定后,才能进行进样操作。

(2)进样前,要反复抽推注射器,用空气冲洗注射器,然后再用样品气冲洗,以保证进样的真实性,以防止标准气或其他样品气污染注射器,造成定量计算误差。

(3)样品分析应与仪器标定使用同一支进样注射器,取相同进样体积。

(4)进样前,检验密封性能,保证进样注射器和针头密封性,密封不好应更换针头或注射器。

83.气相色谱仪热导检测器(TCD)使用维护的注意事项有哪些?

答:热导池中的关键热导部件主要材料是铼钨丝,铼钨丝直径一般只有 15~30μm,易氧化。当氧化或受污染后,阻值发生变化或断损,破坏了热导池测量电桥的对称性,致使仪器无法正常工作。引起热导元件损坏的因素较多,使用注意事项如下:

(1)热导池连接并联双气路时,双气路都要同时通载气,所用载气纯度必须在四个 9 以上(99.99%)。

(2)若色谱柱连接处漏气,会造成热导元件损坏,在仪器使用前或更换色谱柱时应严格检漏,确保整个系统不漏气。

（3）仪器开机前先通载气 10min 以后再通电。通电前检查电路连接和接地情况。

（4）系统及池体要洁净，以防出现异常峰和噪声。

（5）在多次进样分析后，应及时更换进样器上的硅橡胶垫。分析过程中更换硅橡胶垫时，必须将热导电源关闭，换垫完成后，通几分钟载气后再开热导池电源。

（6）在使用机械振荡法脱气，样品脱气取氮气时，不要在 TCD 气路中取气，以免影响载气流量损坏 TCD。

（7）色谱柱高温老化时，应将热导池电源、热导池温控、柱出口与热导池进口断开，让高温老化的载气（氮气）流入柱箱内，以避免因柱子老化而污染热导池。

（8）仪器断电后再断载气。缓慢通断载气，减少冲击振动，以防系统中残留的氧气将铼钨丝氧化或烧断。

84. 气相色谱仪氢火焰离子化检测器（FID）使用维护注意事项有哪些?

答:（1）离子头、收集极对地绝缘要好。

（2）离子头必须洁净，不得沾染有机物，必要时可用苯、酒精和蒸馏水依次擦洗干净。

（3）使用的气体必须净化，管道也必须干净，否则会引起基流增大，灵敏度降低。

（4）样品水分太多或进样量过大时，会使火焰温度下降影响灵敏度，甚至会使火焰熄灭，所以应控制样品中的水分和进样量。

（5）FID 系统停机时，应先关空气熄火，然后再降温，最后关载气和氢气。如果在 FID 温度低于 100℃时就点火，或关机时不先熄火后降温，则容易造成 FID 收集极积水而绝缘下降，会造成基线不稳。

（6）FID 长期不使用，在重新操作之前，应在 150℃下烘烤 2h。

85. 色谱柱应如何维护?

答:（1）工作时加强仪器的维护，在测试油样脱出的气体时，多取些样品气后针头向下推至需要的值，用吸油性强的纸吸去针头内外的油，再进样。

（2）及时清洗进样口，正常一个月清洗一次，如测试工作量大，应一个星期清洗一次。清洗方法：拧下进样口散热帽，用镊子取出衬管，用丙酮冲洗净内部的油污，后用蒸馏水冲洗至中性，烘干，装回进样口。

（3）选择合适的柱长和适宜的担体，以加强色谱柱的抗污染能力。

86. 简述油品闪点测试的原理。

答: 在规定条件下，将油品加热，随油温的升高，油蒸气在液面空气中的浓度随之增加，当升到某一温度时，油蒸气和空气组成的混合物与火焰接触发生瞬间闪火时的最低温度称为油品的闪点。

闪点测定仪分为闭口和开口两种形式。一般开口闪点仪所测得结果正常高于闭口闪点仪测定的结果，因为开口闪点仪所形成的蒸气能够自由地扩散到空气中，导致一部分油蒸气损失。蒸发性较大的轻质油品和在密闭容器内使用的油品如变压器油多用闭口杯法测定，汽轮机油采用开口杯法测定，测得的闪点与使用时的实际情况相似。

闪点仪一般采用自动升降杯盖、自动升温、自动点火、自动捕捉闪点的全自动模式，点火方式有电点火和气点火两种形式，闪点的捕捉方式有火焰导电感应式和压力感应等检测方式，温度一般都使用铂电阻进行测量。

87. 油品闪点的测试目的及定义是什么?

答:（1）目的：油品闪点可表示火灾危险出现的最低温度，从闪点可鉴定油品发生火灾的危险性。闪点愈低，油品愈易燃烧，火灾危险性愈大，所以闪点是一个安全指标。按闪点的高低可确定其运送、储存和使用的各种防火安全措施。

（2）定义：在规定条件下，将油品加热，随油温升高，油蒸气在空气中(油液面上)的浓度随之增加。当升到某一温度时，油蒸气和空气组成的混合物中，油蒸气含量达到可燃浓度，如将火焰靠近混合物，会导致闪火，产生这种现象的最低温度称为石油产品的闪点。

88. 为什么加热速度对油品的闪点测定有影响？

答： 加热速度快，单位时间内蒸发出的油蒸气多而扩散损失少，可提前达到可燃混合气的爆炸极限，使测得的结果偏低；加热速度慢，测试时间长，点火次数多，损耗了部分油蒸气，推迟了油蒸气和空气的混合物达到闪点着火浓度的时间，导致结果偏高。

89. 为什么大气压力对油品的闪点测定有影响？

答： 试样的蒸发速度除与加热的温度有关，还与大气压力有关，测试环境大气压低，油品蒸发快，空气中油蒸气的浓度易达到爆炸下限，闪点低；气压高，空气中油蒸气浓度难以达到爆炸下限，闪点高。因此，为了使同一试样在不同的大气压下测出的闪点具有可比性，测试结果需校正到标准大气压下对应值。

90. 油品闪点测定分为闭口杯法和开口杯法的依据是什么？

答： 开口杯法和闭口杯法主要是根据油品的性质和使用条件来分的。蒸发性较大的轻质石油产品多用闭口杯法。有些油品是在密闭容器内使用，若用开口杯法不易于发现蒸发的轻质成分。对于汽轮机油或抗燃油等一些重质油，一般在非密闭的机件或温度不高的条件下使用，通常采用开口杯法。

91. 油品闪点测定与哪些测试条件有关？

答：（1）仪器状态。

（2）油品含水量。

（3）油品用量。

（4）加热速率。

（5）火焰大小。

（6）火焰停留时间。

（7）点火频率。

（8）大气压力。

92. 简述闪点的定义及测定的意义。

答：定义：闪点是指在规定试验条件下，试验火焰引起试样蒸气着火，并使火焰蔓延至液体表面修正到101.3kPa大气压的最低温度。闪点分为开口闪点和闭口闪点。

意义：

（1）通过油品的闪点可以反映油品的安全性和发生火灾的危险性。闪点是油蒸气发生爆炸的最低温度，闪点越低，安全性越低，危险性越大。

（2）通过油品的闪点可以间接判断油品的轻、重馏分组成，一般油品的闪点越低，蒸气压越高，馏分组成越轻；闪点越高，蒸气压越低，馏分组成越重。

（3）通过测定闪点的高低可以判定油品是否混入轻质馏分、低沸点混入物或使用过的润滑油。

93. 油品闪点测试前应做哪些检查？

答：（1）检查试验条件、安全措施是否完备。了解仪器的工作原理、结构及性能。闪点测定仪要放在避风和较暗的地方才便于观察闪火。为了更有效地避免气流和光线的影响，闪点测定仪应围有防护屏。

（2）在使用闪点仪前先检查燃气口是否堵塞，气路是否漏气，是否还有可供此次试验的燃气。

（3）试验前应详细记录试验条件及被试样品的情况。

（4）如果试油中含有的水分超过0.05%时，在测定闪点之前必须脱水。

（5）点火器火焰调整到接近球形，其直径为3～4mm。

（6）测出试验时的实际大气压力。

94. 简述油品闪点测定的注意事项。

答：（1）仪器应放置在无空气流的房间，平稳的台面上。

（2）油品闪点测定过程中产生有毒蒸气，应将仪器放置在能单独控制空气流的通风柜中，通过调节，抽走蒸气，但空气流不能影响试验杯上方的蒸气。

（3）试验杯、试验杯盖及其他附件应除去试验留下的所有残渣痕迹，清洗干净。

（4）试样油应倒入试验杯的加料线位置，液面以上的空间容积与试样油的量有关，影响油蒸气和空气混合的浓度，从而影响测试结果的准确性。

（5）以火源引起试验杯内产生明显着火的温度，作为试样油的观察闪点。

（6）观察闪点与最初设定点火温度的差值应在18～28℃范围内，超出则认为无效。

（7）结果报告修正到标准大气压（101.3kPa）下的闪点，精确到0.5℃。

95. 闭口闪点仪如何进行日常维护？

答：（1）仪器的传感器部分易附着油污，影响检测精度，需经常用汽油或石油醚清洗传感器，谨慎清洗，以免损坏传感器。

（2）仪器外部不要用腐蚀性清洗剂擦洗，以免将表面漆破坏，长期不用时把样品杯放入加热穴中，将测试头落下。

（3）温度传感器由玻璃制成，使用时不要与其他物品相碰。

（4）每次换样品需将样品杯清洗干净，样品加热穴内不要放入有其他物品，否则将无法进行试验。

（5）测试头部分是机械自动传动，切勿用手强制动作，否则将造成机械损伤。

（6）仪器温度传感器每年校准一次，如仪器同时安装有大气压力传感器应同期校准。

96. 简述绝缘油界面张力测试原理。

答：将一金属圆环（通常为铂丝圆环）平放在液体表面（或界面）上，用外力将圆环拉起，测量出此环拉离液面所需的最大力，在理想情况下此最大力应等于表面张力乘以圆环与液体接触面的周长。实际的表面张力 V 应由测得的表面张力值 P 乘以一个校正因子 F，即 $V=PF$。

97. 简述绝缘油界面张力的含义及测定意义。

答：含义：绝缘油的界面张力是指测定油与不相溶的水的界面产生的张力。

意义：（1）检查油中含有因老化而产生的可溶性极性杂质，表征油质的老化程度。

（2）鉴定新油的质量。新油具有较高的界面张力，根据 GB 2536—2011《电工流体　变压器和开关用的未使用过的矿物绝缘油》规定界面张力不应小于 40mN/m。

（3）监督热虹吸器的运行情况。

98. 简述界面张力测定的注意事项。

答：（1）界面张力仪应安放位置应在无振动，无大的空气流动和腐蚀性气体，平稳坚固的实验台上。

（2）界面张力仪应定期进行校准检定。

（3）试验前应将铂丝圆环和试验杯清洗干净，以免影响界面张力的测定，导致界面张力测量不准确。

（4）试样应按规定预先进行过滤，以防止试样中存有杂质对试验造成影响。试验用水采用中性纯净蒸馏水。

（5）界面张力与温度有关，测试时油和水的温度要保持在25℃ ±1℃。

（6）铂丝圆环要保证每一部分均在同一平面上。

99. 简述变压器油击穿电压的试验原理。

答：将绝缘油装入有一对电极的油杯中，逐渐升高施加于绝缘油的电压，当电压达到一定数值时，油的电阻突降至零，电流瞬间突增，并伴随有火花或电弧产生，称为油被“击穿”。油被击穿的临界电压，称为击穿电压，单位为千伏（kV）。

100. 影响绝缘油击穿电压测定的因素有哪些？

答：（1）绝缘油的含水量：含水量越大，击穿电压越小。

（2）温度：不同的温度范围对绝缘油击穿电压的影响不同。

（3）油中气泡、游离碳和老化后产物：油中含有微量气泡、游离碳和老化后产物会使击穿电压降低。

（4）测试条件：包括压力、电极形状、操作方法、电场均匀程度和电极间距离等。

101. 变压器油击穿电压测试前如何检查及准备电极？

答：（1）用适当挥发性溶剂清洗电极各表面并晾干。

（2）用细磨粒、砂纸或细纱布磨光电极。

（3）电极磨光后，依次用丙酮、石油醚清洗。

（4）将电极安装在试样杯中，装满清洁未用过的待测试样。调整电极间距离，应为2.5mm。升高电极电压至试样被击穿24次。

102. 简述介电强度测定仪的测试过程。

答：（1）油杯和电极需保持清洁，在停用期间，必须盛以新变压器油保护。凡试验劣质油后，必须以溶剂汽油或石油醚洗涤，烘干（温度 50℃）后方可继续使用。

（2）油杯和电极在连续使用一个月后，应进行一次检查。用校规（标准卡尺）检验测量电极距离是否变化，用放大镜观察电极表面是否有发暗现象，若有此现象，则应重新调整距离并用绸布擦净电极。若长时间停用，也应进行此项工作。

（3）试油必须在不破坏原有贮装密封的状态下，于试验室内放置一段时间，待油温和室温相近方可揭盖试验。轻轻摇动盛有试样的容器，使油中的杂质均匀分布而不形成气泡，将试样慢慢倒入已准备好的油杯，倒油时避免形成气泡，不能用手触及电极、油杯内部和试油，并在防尘干燥的场所进行，以免污染试样。

（4）水平放置油杯，保持接触良好；盖好保护罩，确保可靠、良好的接地。

（5）仪器自动升压，锁定击穿电压值，降压，搅拌，静置，重复实验 6 次。

（6）取 6 次连续测定的击穿电压值的算术平均值，作为平均击穿电压。

103. 击穿电压测定仪维护注意事项有哪些?

答:（1）仪器的接地端必须可靠接地。

（2）仪器升压期间保护罩必须罩好。

（3）油杯和电极需保持清洁，在停用期间，必须注入新变压器油保护。进行劣质油试验后，必须用溶剂汽油或石油醚洗涤，烘干（温度 50℃）后可继续使用。

（4）油杯和电极在连续使用达一个月后，应进行一次检查。用校规或卡尺检验测量电极距离是否变化，用放大镜观察电极表面是否有发暗现象，若有此现象，则应重新调整距离并用绸布擦净电极。若长时间停用，也应进行此项工作。

（5）仪器使用完成后应将设备高压室的电极、保护罩上面的油用布擦干净，保证各部件清洁。

104. 变压器油击穿电压测试的注意事项有哪些？

答：（1）根据试验方法规定选用不同结构型式的电极。通常有球形电极、半球形电极和平板电极三种电极，球形电极测定结果为最高，半球形电极为其次，平板电极为最低。

（2）电极间距离为 2.5mm ± 0.05mm，用校规或标准卡尺校准。电极距离过小容易击穿，测定结果偏低；反之，测定结果偏高。

（3）试样要有代表性，油中有水分及其他杂质时对击穿电压有明显影响，试样一定要摇匀后注入油杯。

（4）试验数据分散性大，其原因是击穿过程的影响因素较多。因此，试验方法中规定取 6 次平均值作为试验结果。

105. 测定油品体积电阻率的原理是什么？

答：根据欧姆定律，两电极间液体的体积电阻等于施加于两电极间直流电压与电流之比，其大小应与电极间距成正比、电极面积成反比，比例常数 ρ 即为液体介质的体积电阻率，其物理意义是单位正方体液体的体积电阻。

液体的体积电阻率测定值与测试电场强度、充电时间、液体温度等测试条件有关，除特别指定外，电力用油体积电阻率规定为“规定温度下，测试电场强度为 250V/mm ± 50V/mm，充电时间 60s 的测定值”。

106. 体积电阻率测试仪应如何维护？

答：（1）油杯和电极需保持清洁，在停用期间，必须盛以新变压器油保护。凡试验劣质油后，必须以溶剂汽油或石油醚洗涤，烘干（温度 50℃）后方可继续使用。

（2）油杯和电极在连续使用达一个月后或长时间停用，应进行一次检查。

（3）仪器使用完成后应将设备高压室的电极、地板、保护罩上面的油用布擦干净，保证各部件清洁。

107. 油品体积电阻率测试步骤及要求有哪些？

答：（1）开启仪器，确认仪器正常。根据油样的种类和要求设置测试温度，除特别要求，一般绝缘油为90℃，抗燃油为20℃，设置充电时间为60s。

（2）取试验油样轻摇混合均匀（不可使样品产生气泡），注入约30mL油样到清洗后的电极油杯中。

（3）把电极油杯装入仪器，接上连线和部件，装好紧固。

（4）启动测试程序，电极油杯进行加热或制冷，待内、外电极和设置温度偏差小于 ±0.5℃时立即进行测量，记录试验结果。

（5）排空油杯，注入相同样品进行平行试验，记录平行试验结果。如遇油样不够等特别情况，同杯样品的重复测试结果可作为平行试验结果参考值，测量时应先经过5min放电，重复测量次数不得多于3次。

（6）二次试验结果误差应满足方法重复性要求，否则应重新试验，直至两个相邻试验结果满足方法重复性要求为止。

108. 简述测定绝缘油体积电阻率的意义。

答：（1）判断变压器绝缘性能的优劣。

（2）反应油的老化和受污染程度。

（3）间接推断绝缘油的介质损耗因数和击穿电压。

109. 影响油品体积电阻率测定的因素有哪些？

答：（1）温度的影响。一般绝缘油的体积电阻率随温度的改变而变化，即温度升高，体积电阻率下降；反之，则增大。因此在测定时必须将温度恒定在规定值，以免影响测定结果。

（2）电场强度的影响。同一油品，电场强度不同，测得的体积电阻率也不同。因此，为了使测得的结果具有可比性，应在规定的电场强度下进行测定。

（3）施加电压的时间影响。施加电压的时间不同，测得的结果也不同，应按规定的时间进行加压。

（4）油杯的清洁程度对测定结果有显著影响，检测时油杯一定要清洗干净。

110. 测定体积电阻率的注意事项有哪些？

答：（1）测试使用的油杯应专用，并清洗干净。

（2）抗燃油体积电阻率的测定应在20℃条件下，绝缘油应在90℃条件下，温度对测定结果的影响较大，必须将温度恒定在规定值。

（3）电场强度对体积电阻率有很大的影响，必须保证电场强度在规定值。

（4）测定的油样应预先混合均匀，避免注入油杯的油有气泡。

（5）体积电阻率与施加电压的时间有关，应按规定时间进行施加。

111. 简述变压器油介质损耗因数的意义。

答：介质损耗因数又称介质损耗角正切。在正交变电场的作用下，电介质内流过的电流可分为两部分，即无能量损耗的无功电容电流 I_C 和有能量损耗的有功电流 I_R，其合成电流为 I。I 与电压 U 的相位差非 90°，而是比 90° 小 δ 角，δ 称为介质损耗角，损耗角的正切（$\tan\delta$）为介质损耗因数。

112. 影响介质损耗因数的因素有哪些？

答：（1）水分和湿度。油中水分是影响介质损耗的主要因素。

（2）温度。温度会影响介质的电导率，温度过高会促进油质的老化。

（3）油的黏度。油的黏度偏低使电泳电导增加，导致介质损耗增加。

（4）氧化产物和杂质。油中含有有机酸类等在电场的作用下会增大电导电流，使油介质损耗增大，油中若存在溶胶杂质会导致电泳现象，使油介质损耗增大。

（5）施加的电压和频率。电压过高时，介质会在高电压的作用下产生偶极转移而引起电能的损失，使介质损耗增加。在一定频率范围内，介质损耗因数随频率的增加而增大。

（6）热油循环。热油循环使油的带电倾向增加，导致介质损耗因数增加。

113. 简述测定变压器油中水分的意义。

答：水分是影响变压器设备绝缘老化的重要原因之一。变压器油和绝缘材料中含水量增加，直接导致绝缘性能下降并促使油老化，影响设备运行的可靠性和使用寿命。对变压器油水分进行严格的监督，是保证设备安全运行必不可少的一个试验项目。

114. 简述油品水分含量测试（库伦法）的方法、原理。

答：库仑法是一种将库仑计与卡尔—费休滴定法结合起来的电化学分析方法。当被测试油中的水分进入电解液(即卡尔—费休试剂，简称卡氏试剂)后，水参与碘、二氧化硫的氧化还原反应，在吡啶和甲醇存在下，生成氢碘酸吡啶和甲基硫酸吡啶，消耗的碘在阳极电解产生，使氧化还原反应不断进行，直至水分全部耗尽为止。根据法拉第定律，电解产生的碘同电解时消耗的电量成正比关系。

115. 简述库仑法测定水分的反应过程。

答：库仑法测定水分是基于有水、吡啶和甲醇的存在下，碘被二氧化硫还原生成氢碘酸和甲基硫酸氢吡啶，即卡尔—费休试剂（简称卡氏试剂）与水发生反应。其反应式如下：

$$H_2O+I_2+SO_2+3C_5H_5N \rightarrow 2C_5H_5 \cdot HI+C_5H_5N \cdot SO_3$$

$$C_5H_5N \cdot SO_3+CH_3OH \rightarrow C_5H_5N \cdot HSO_3CH_3$$

从反应式中可看出，主要是水与碘和二氧化硫发生反应，无水时则不发生反应。但在反应式中生成的硫酸酐吡啶不稳定，必须加无水甲醇，使其转变成稳定的甲基硫酸氢吡啶。在电解过程中，由反应所生成的氢碘酸在阳极上被重新氧化为碘（I_2）。即，

阳极：$2I^- - 2e^- \rightarrow I_2$

阴极：$I_2 + 2e^- \rightarrow 2I^-$

$2H^+ + 2e^- \rightarrow H_2 \uparrow$

碘又可与油品中的水反应生成氢碘酸，这样循环反复，直到全部水分消耗完毕为止。反应终点可用一对铂电极组成的检测单元，经过信号放大系统后显示。在整个电解过程中碘的浓度并未改变，只是二氧化硫的量有所消耗，其所消耗的量与水的摩尔数相等。

样品中的水分含量计算式：

$$W \times 10^{-6}/18 = Q \times 10^{-3}/2 \times 96493$$

即

$$W = Q/10.722$$

式中　W——样品中的水分含量，μg；

Q——电解电量，mC；

18——水的相对分子质量。

116. 库仑法水分仪使用过程中常见故障及处理措施是什么？

答：（1）阳极电解液明显过碘，仍继续电解记数。应检查检测电极是否完全插入孔内，或检测电极是否断路或短路。如果是断路，接通线路可恢复正常；如果是短路，更换电极。如果未发生上述情况，说明库仑仪内部元件故障，应与厂家联系或返厂修理。

（2）仪器电解电流指示正常，计数器异常。检查电解电极是否断路。如果是断路，接通后可恢复正常。如未断路，可能是计数器的数码管损坏，应返厂修理。

（3）两对电极均正常，但仪器持续电解记数。可能电解池内部水分较多，应耐心等待。

（4）计数器的数据变换频繁，长时间无法平衡。主要是电解池

各磨口处密封不严，空气湿度较大并进入池内，或电解液使用时间较长已失效。应在各磨口处涂抹真空脂或更换电解液。

（5）仪器使用时间较长或其他原因，阴极池严重污染、半透膜呈灰黑色、记数波动较大、仪器不稳。应拆下电极进行彻底清洗，干燥后可恢复正常测试。

（6）阴极电解液随着电解的进行颜色逐渐变深，甚至阴极干燥管中硅胶变黑。如果关掉搅拌器阳极未见碘析出，说明阴、阳极接反，调换后可恢复正常。

117. 测定油中水分的意义是什么?

答: 油中水分不仅会占用油品的体积，影响油品的价格，消耗不必要的运输、存储设备的空间，还会影响油的电气性能、理化性能和设备的使用寿命。

变压器油和绝缘材料中含水量增加，直接导致绝缘性能下降并会促使油老化，影响设备运行的可靠性和使用寿命。

对于汽轮机润滑油系统，水分的存在不仅会造成油品变质（如添加剂析出）、油品乳化、设备腐蚀，还会引起润滑油膜变薄，加速运动部件的磨损。

水分会使抗燃油中的磷酸酯水解产生酸性物质，酸性产物有自催化作用，酸值升高导致设备腐蚀。

118. 油品水分含量（库仑法）测试的注意事项有哪些?

答:（1）采用库仑法测定水分，其关键是卡氏试剂的配制和电解液的组成比例要严格按 GB 7600—1987《运行中变压器油水分含量测定法（库仑法）》进行，各种成分的比例不能轻易改动，否则会影响检测灵敏度或造成终点不稳定，指针漂移。电解液应放在干燥的暗处保存，温度不宜高于 20℃。

（2）搅拌速度对测试结果有影响，太快、太慢都会影响数据的稳定性，通常最好是能够使电解液呈旋涡状为宜。

（3）当注入的油样达到一定数量后，电解液会呈现浑浊状态，但不会影响测试结果。若要继续进样，应用标样标定，符合规定后，可继续进样测定，否则应更换电解液。

（4）测定油中水分时，应注意电解液和试样的密封性，在测试过程中不要让大气中的潮气侵入试样中。因此从设备中采取油样时，应按色谱分析法的取样要求，采用注射器取样，并避光保存。

（5）在测定过程中，出现过终点现象时，是由于空气中的氧气氧化了电解液中的碘离子生成碘，相当于电解时产生的碘，致使测定结果偏低。当阴极室出现黑色沉淀后，可将电极取出，用酸清洗后使用。

（6）测试仪最好配有稳压电源，尽量放置在噪声小，无磁场干扰的环境中，以免影响仪器的稳定。

119. 简述采用微库仑法测定抗燃油氯含量的方法、原理。

答： 将盛有样品的石英杯送入石英燃烧管，在氧气和氮气中燃烧，样品中的氯化物转化为氯离子，并随着气流一起进入滴定池，与滴定池中的银离子反应，消耗的银离子由库仑计的电解作用进行补充，根据消耗的总电量计算样品中的氯含量。

滴定池中的反应如下：

$$Ag^+ + Cl^- \rightarrow AgCl \downarrow$$

上述反应中消耗的银离子由库仑计的电解作用产生，电解阳极反应如下：

$$Ag \rightarrow Ag^+ + e^-$$

120. 简述测定绝缘油氧化安定性的意义。

答： 氧化安定性用于表征油品的抵抗氧化的能力。在变压器运行过程中，变压器油因受温度、电场、电弧、水分、杂质、溶解在油中的氧气和金属催化剂等作用，发生氧化、裂解等化学反应，不断变质老化，生成大量的过氧化物及醇、醛、酮、酸等氧化产物，经过缩合反应生成油泥等不溶物，这些氧化产物对变压器造成致命的影响。故新油须进行氧化安定性试验。酸值、闪点、黏度等合格，并不能确认油品是否能够长期稳定使用，绝缘油的氧化安定性是保证变压器等电气设备长期安全运行的一项重要指标。

121. 简述氧化指数的定义及计算公式。

答： 油劣化主要由氧化造成的，因此氧化指数是监测油质运行中老化的重要指标。

氧化指数的计算公式为：

氧化指数 = 界面张力 / 酸度

一般认为，变压器油的氧化指数低于 300 时，则不能继续使用。

122. 简述氧化安定性（旋转氧弹法）的测定方法。

答： 将试样、水、铜催化剂放入一个带盖的玻璃盛样器内，置于氧压力容器（氧弹）中，氧弹充入 620kPa 压力的氧气，放入规定的恒温浴中，使其以 100r/min 的速度与水平面成 30° 角轴向旋转，在水和铜催化剂存在的条件下，在 150℃评定汽轮机油的氧化安定性，在 140℃下评定变压器油的氧化安定性。

123. 油品旋转氧弹法试验的注意事项有哪些?

答：（1）氧弹要彻底清洗干净，否则会给试验结果带来误差。

（2）同一油品试验的两个氧弹的最高压力之差，不得大于 35kPa（0.35bar 或 5.1psi），否则试验无效。

（3）在整个试验中，要使氧弹完全浸没并且连续而均匀的转动。要求转动速度为 100r/min ± 5r/min，任何转速的波动都会导致错误的结果。

（4）制备好的线圈可放入干燥器中备用，但放置时间不得超过 24h，否则需重新处理。

124. 影响油品氧化安定性试验的因素有哪些？

答：（1）温度。

（2）氧气通入量。

（3）金属催化剂的尺寸、大小、纯度及预处理。

（4）所用仪器的清洁及干燥程度。

125. 简述采用氧弹法测定抗燃油氯含量的方法、原理。

答： 将抗燃油在3MPa及以上压力的氧弹中燃烧，燃烧后生成的氯化氢气体被碱性过氧化氢溶液吸收，以二苯偶氮碳酰肼和溴酚蓝作为指示剂，用硝酸汞标准溶液滴定。当过量的硝酸汞解离出的汞离子与二苯偶氮碳酰肼生成红色的络合物，即为滴定终点。

基本化学反应式为：

$$Hg^{2+}+2Cl^{-} \rightarrow HgCl_2$$

126. 简述测试油品色度的意义。

答： 油品的色度对于新油可用于判断油的精制程度，即油中除去沥青、树脂质及其他染色物质的程度，还可用于判断油品在运输和储存过程中是否受到污染。运行中绝缘油颜色的突变，一般是油内发生电弧或者高温过热时产生碳质造成的。故检测油在运行中的色度变化，是油质变坏或设备存在内部故障的表现。

127. 干扰ICP光谱分析的因素有哪些？

答：（1）物理干扰。

（2）光谱干扰。

（3）化学干扰。

（4）电离干扰与基体效应干扰。

128. 影响水溶性酸测定的主要因素有哪些？

答：（1）实验用水。

（2）所用仪器的清洁度。

（3）萃取温度。

（4）摇动时间。

（5）指示剂本身的 pH 值。

129. 泡沫特性试验的注意事项有哪些?

答:（1）测试所用的量筒及扩散头应清洗干净，不能残留洗洁剂。

（2）水浴温度应恒定在 24℃ ± 0.5℃、93.5℃ ± 0.5℃，空气流量应稳定在 94mL/min ± 5mL/min。

（3）第一次低温测量时应先将油样在 49℃ ± 3℃下预热。

（4）扩散头最大孔径不大于 80μm，渗透率在 3000~6000mL/min。

（5）通过气体扩散头的空气要求是清洁和干燥的。

（6）将量筒浸入恒温浴中，至少浸没到 900mL 刻度线。

130. 红外分光光度计可用于哪些方面检测?

答:（1）化合物的鉴定。采用测量化合物的光谱同化合物的标准谱进行比对，可以人工比对，也可以进行计算机谱库检索、比对鉴定。

（2）未知化合物的结构分析。可了解重键，官能团，顺、反异构，环的取代位置，氢键及螯合等信息。利用这些信息来确定结构，最终尚需同 MS、NMR、UV、元素分析等共同来确定分子结构。

（3）化合物的定量分析。包括单组分和多组分混合物定量分析、组成比例和成分分布分析等。

（4）化学反应动力学、晶变、相变、材料拉伸与结构的瞬变关系研究。

（5）工业流程与大气污染的连续检测。

131. 简述自燃点的定义及测定方法。

答: 定义：发生自燃现象时的最低温度，即称为被测试样的自燃点。

方法：用注射器将 0.07mL 的待测试样快速注入加热到一定温

度的 200mL 开口耐热锥形烧瓶内，当试样在烧瓶里燃烧产生火焰时，表明试验中发生了自燃，若在 5min 内无火焰产生，则认为在该温度下试样没有发生自燃。

132. 简述液相锈蚀的测定方法。

答： 将 300mL 试样和 30mL 蒸馏水或合成海水混合，把圆柱形的试验钢棒全部浸在其中，在 60℃下进行搅拌，试验周期为 24h，也可根据合同双方的要求，确定适当的试验周期，试验周期结束后观察试验钢棒锈蚀的痕迹和锈蚀的程度。

133. 油品液相锈蚀测定的注意事项有哪些？

答：（1）试棒可以重复使用，但其直径不得小于 9.5mm。

（2）用过的试棒，下次再使用时，一定要按要求重新处理。

（3）严格按试验条件进行，特别注意温度。

（4）未加防锈剂的油，可以不做液相锈蚀试验。

（5）要求进行试棒处理，处理后不得用手摸，或接触其他污物。

（6）搅拌器安装牢固，搅拌浆位置正确。

134. 油品倾点测试的操作步骤有哪些？

（1）将清洁试样倒入试管中至刻线处。

（2）用插有合适温度计的软木塞塞住试管，让试样浸没温度计水银球，使温度计的毛细管起点浸在试样液面下 3mm 的位置。

（3）试样预处理。

1）将试样在不搅拌的情况下，放入已保持在高于预期倾点 12℃，但至少是 48℃的浴中，将试样加热到 45℃。

2）若预计倾点高于 −33℃，将试管转移到已保持在 24℃ ± 1.5℃的浴中冷却到 27℃；若预计倾点低于 −33℃，将试管转移到已保持在 6℃ ± 1.5℃的浴中冷却到 15℃。

3）当试样达到高于预期倾点 9℃时，按要求检查试样的流动性。

4）如果温度达到9℃时试样仍在流动，则将试管转移到 –18℃的浴中；当试样温度达到 –6℃，则将试管转移到 –33℃的浴中；当试样温度达到 –24℃，则将试管转移到 –51℃的浴中；当试样温度达到 –42℃，则将试管转移到 –69℃的浴中。

（4）观察试样的流动性。

1）从第一次观察温度开始，每降低3℃都应将试管从浴或套管中取出，将试管充分倾斜以确定试样是否流动。取出试管、观察试样流动性和试管返回到浴中的全部操作要求不超过3s。

2）当试管倾斜，试样不流动时，立即将试管置于水平位置5s，并仔细观察试样表面；如果试样显示出有任何移动，应立即将试管放回浴或套管中，待再降低3℃时，重新观察试样的流动性。

3）按此方式继续操作，直至将试管置于水平位置5s，试样不移动，记录此时观察到的温度计的读数。

135. 常用油品的开口杯老化试验取样量的要求是什么？

（1）变压器油：分别称取运行油样、补充油样和混合油样各400g，精确到0.1g。

（2）汽轮机油：分别称取运行油样、补充油样和混合油样各200g，精确到0.1g。

（3）磷酸酯抗燃油：分别称取运行油样、补充油样和混合油样各200g，精确到0.1g。

136. 油中颗粒度测试取样有哪些要求？

答：（1）取样的基本原则应遵循GB/T 7597—2007《电力用油（变压器油、汽轮机油取样方法）》的规定。

（2）取样时，应先倒掉取样瓶中保留的少量清洁液，再取样。

（3）从设备的取样阀取样时，应先用干净绸布蘸取石油醚擦净阀口，再打开、关闭取样阀3~5次以冲洗取样阀，并放出取样管路内存留的油。在不改变通过取样阀液体流量的情况下，移走污油瓶，接入取样瓶取样 200mL 后，移走取样瓶，再关闭取样阀，盖好取样瓶。

（4）从油桶中取样，取样装置应用 0.45μm 滤膜滤过的清洁液冲洗干净。取样前，将油桶顶部、上盖用绸布沾石油醚擦洗干净。用取样装置从油桶中抽取约 5 倍于取样管路容积的油样进行冲洗，冲洗油收集在废油瓶里。从油桶的上、中、下三个部位取样共约 200mL 置于清洁取样瓶中，盖好取样瓶。

（5）油样应密封保存，测量时再启封。

137. 测定颗粒度污染的注意事项有哪些?

答:（1）采样的代表性。

（2）用正确的方法采集样品，防止外界污染。

（3）实验环境要达标，仪器的校准、样品的准备和测试应在洁净室中或净化工作台上进行。

（4）用于清洗仪器和玻璃仪器皿用的清洁液，每 100mL 中粒径大于 5μm 的颗粒不得多于 100 粒；用于稀释样品及检验取样瓶用的清洁液，每 100mL 中粒径大于 5μm 的颗粒不得多于 50 粒。

（5）测定前要充分摇动油样使颗粒分布均匀，以防止容器内样品因颗粒沉积造成分布不均匀，并进行脱气，测试时样品应颗粒分布均匀，且不含气泡。

（6）测试前应用合适的清洁液冲洗传感器和整个测试管路。

（7）若油样不透明或有轻微乳化现象，应预先将油样加热至 75~80℃，并恒温不少于 30min，使油样透明后才可进行测试。若油样有明显的乳化现象（用加热方法无法消除乳化现象），应预先向油中加入一定量适宜的清洁液，使油样透明后才可进行测试。

（8）被测油样的黏度过大，进入仪器传感器的油达不到额定流量或者油样的颗粒度浓度超过了传感器允许的极限值，应稀释油样后，重新脱气、测量。选择的稀释液要与被测油样互溶，并且稀释液不能溶解或凝聚油样中的污染颗粒。矿物油宜选用石油醚作为稀释液，抗燃油宜选用甲苯作为稀释液。

（9）当被测油样的黏度过大时，也可采用热水浴加热油样，以便降低油样的黏度。热水浴的温度最好不超过 80℃。

138. 简述激光颗粒度测定仪的原理。

答：激光颗粒度测定仪装有一块光电池和与其正对的激光光源，在光电池和光源之间安装有测量狭缝，当无样品通过狭缝时，由于没有光的损耗，光电池产生的电压最大，记为 U_{max}。当样品通过狭缝时，颗粒遮挡了部分激光，光电池产生的电压有所降低记为 U_0，U_{max} 与 U_0 之间的电压降记为 U，颗粒粒径越大光电池被遮挡面积越大，电压降 U 也就越大，仪器通过识别光电池电压降的大小来判定粒径的大小；当颗粒通过狭缝后光电池的电压恢复到 U_{max}，由此记录到一个电压波动的脉冲，通过计量定量样品通过狭缝所产生的电压脉冲的数量即可分析出样品中颗粒的数量。

通常检测粒径在 2～100μm 之间的颗粒数，粒径小于 2μm 的颗粒忽略不计，粒径大于 100μm 的颗粒远远超出油品颗粒污染等级的测定范围，无须进行准确测量。在测量时，根据电压脉冲信号的大小和数量来确定颗粒粒径的大小和每个粒径范围内的颗粒数。激光颗粒度测定原理如图 2-1 所示。

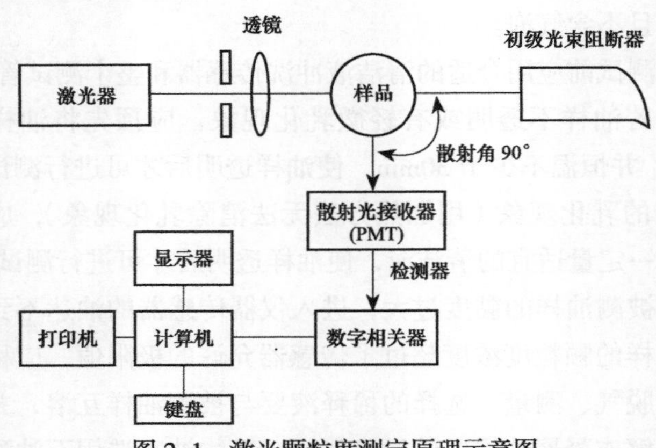

图 2-1 激光颗粒度测定原理示意图

139. 简述电力设备用油密度的测定方法。

答： 将试样置于规定温度，然后将其倒入温度大致相同的密度计量筒中，将合适的密度计放入已调好温度的试样中，静置。当温度达到平衡后，读取密度计读数和试样温度。用石油计量表把观察到的密度计读数换算成标准密度。如果需要，将密度计量筒及内装的试样一起放在恒温浴中，以避免在测定期间温度变动太大。密度单位为 kg/m^3，常用单位 g/cm^3。

140. 影响密度测定的因素有哪些？

答：（1）密度计和量筒的洁净程度。

（2）测试过程中存在的气泡。

（3）是否正确读取密度计的读数。

（4）读数时温度。

141. 简述测定油品密度的注意事项。

答：（1）密度计和温度计必须经国家计量机构检定合格后方可使用，在整个试验期间，环境温度变化应不大于2℃。当环境温度变化大于 ±2℃时，应使用恒温浴。

（2）密度计在使用前必须全部擦拭干净，擦拭后不要再触碰最高分度线以下各部分，以免影响读数。

（3）测定油品密度使用的量筒，高度要适当，直径应较密度计最大直径大一倍，以免密度计与量筒内壁碰撞，影响准确度。

（4）测定透明液体时，密度计读数为液体主液面与密度计刻度相切点；测定不透明液体时，眼睛稍高于液面的位置，密度计读数为液体弯月面上边缘与密度计刻度相切点。

（5）发现密度计的分度标尺位移、玻璃有裂纹等现象，应停止使用。

（6）油品内或其表面有气泡时，在测定前应消除气泡，否则会影响读数。

（7）测定混合油的密度时，必须搅拌均匀。

（8）油品的密度受温度的影响较大，如温度升高时，油的体积增大，密度减小。反之温度降低，体积缩小，密度增大。因此在测定油品密度时，必须标明测定时的温度。

142. 简述根据 GB/T 25961—2010《电气绝缘油中腐蚀性硫的试验法》检测腐蚀性硫的方法。

答：将处理好的铜片放入盛有 220mL 绝缘油的密封厚壁耐高温试验瓶中，在 150℃下保持 48h，试验结束后观察铜片的颜色变化，判断绝缘油中是否含有腐蚀性硫。

143. 简述根据 DL/T 285—2012《矿物绝缘油腐蚀性硫检测法 裹绝缘纸铜扁线法》检测腐蚀性硫方法概要。

答：将 15mL 油样装入 20 mL 顶空瓶里，放入规定尺寸的包裹一层绝缘纸的铜扁线，密封后在 150℃ ±2℃下进行 72h 试验，观察铜扁线的表面变化情况，确定油中是否含有腐蚀性硫。

144. 简述采用裹绝缘纸扁铜线法检测腐蚀性硫的注意事项。

答：（1）试验采用的扁铜线和绝缘纸应符合标准要求。

（2）剥绝缘纸的过程中不应用手直接接触扁铜线。

（3）当两个平行样中的铜或绝缘纸，或者两者都被观察认为有腐蚀，应判断此油具有潜在的腐蚀性。当两个平行样的铜和绝缘纸被观察认为是非腐蚀，则此油是非腐蚀性的。

（4）若在绝缘纸的检验结果中存在任何疑点，都应该用其他方法（扫描电镜—能量色散 X 射线）来分析沉淀物的组成。

145. 简述根据 GB/T 25961—2010 检测腐蚀性硫的注意事项。

答：（1）试验所用的铜片必须清洗干净，在烘箱中干燥后立即取出并浸泡在试样中，不能用压缩空气或惰性气体吹干铜片。

（2）试样不应过滤。

（3）制备好的铜片应以长边缘着地立着放于瓶底，以避免铜片大面积接触瓶底。

（4）温度对测试结果影响很大，必须保证试验温度在150℃ ±2℃范围内。

（5）当试验瓶冷却到室温后用镊子小心取出铜片，用丙酮或其他适合的溶剂清洗铜片并在空气中晾干，不应用压缩空气吹干。

（6）若铜片表面有边线或不清洁，用干净的滤纸用力擦拭其表面，只要有沉淀物脱落，即为腐蚀。

146. 简述运行变压器油劣化的检测分析内容。

答：包括氧化指数、酸度、外观、颜色、水分、氧化安定性、击穿电压、介质损耗因数、界面张力、油泥、体积电阻率、油中溶解气体组分含量、含气量、水溶性酸、析气性。

147. 简述油的酸度的含义及测定意义。

答：油的酸度是一项很重要的指标，反映氧化作用下油的老化速率和老化程度。油的酸度可代表氧化程度，其值越高，氧化程度越高。

测量油中的酸度变化速率可知道油的氧化速率。此外，酸的富集可反映变压器油中是否会形成油泥。

油中所含酸性产物会使油的导电性增大，降低油的绝缘性能，在运行温度较高时（如80℃以上）还会促使固体纤维质绝缘材料老化和造成腐蚀，缩短设备使用寿命。

148. 简述检查油品外观和颜色的意义。

答：检查运行油的外观，可以发现油中不溶性油泥、纤维和杂质存在，直观的监督油品的老化情况。

新变压器油一般是无色或淡黄色，运行中颜色会逐渐加深，但正常情况下这种变化趋势比较缓慢。若油品颜色急剧加深，则应确认是否设备有过负荷现象或过热情况出现。

149. 汽轮机严重度的测定和计算方法是什么？

答： 汽轮机严重度为油每年丧失的抗氧化能力占原有新油抗氧化能力的百分率。汽轮机的严重度要考虑的因素：增加油的抗氧化能力每年注入系统的补充油量；油的运行时间的长短；用旋转氧弹试验方法测定的抗氧化能力。

汽轮机严重度的计算公式如下：

$$B-M(1-x/100)/(1-e^{Mt/100})$$

式中 B——汽轮机严重度，%；

M——每年注入系统的补充油率，以占初始装入系统新油总量的百分率表示；

x——油中残余抗氧化能力的数量，以占初始装入系统新油的抗氧化能力的百分率来表示；

t——最初装入系统中新油已使用了的年数。

150. 在油质试验方法中，常规分析包含几种性能试验？各举出五例。

答：（1）物理性能试验，如闪点、凝点、水分、抗泡沫特性、密度等试验。

（2）化学性能试验，如水溶性酸、液相锈蚀、腐蚀性硫、氧化安定性、酸值等试验。

（3）电气性能试验，如电介质击穿、析气性、体积电阻率、介质损耗因数、油流的带电度等试验。

151. 简述破乳化的机理。

答： 乳化剂和水的存在是油质乳化的物质因素。乳化剂通常都是表面活性物质，分子中含有极性基团和非极性基团。当油中含有过量的水时，乳化剂能在油水之间形成坚固的保护膜，使油水交融，难于分离。由于水和界面膜之间的张力大于油与界面之间的张力，水相收缩形成水滴均匀地分散在油相中，形成油包水的乳化液。在油包水状乳化液中加入与乳化剂性能相反的破乳化剂，使油与水的界面膜之间的张力变小或使油与水界面膜的张力变大，最终使两项张力值相同，界面膜被破坏，水滴析聚，乳化现象消失，达到破乳化效果。

152. 测定破乳化度的技术要点有哪些?

答：（1）测试试管清洗（洗涤剂、铬酸、蒸馏水）至壁不挂水珠。

（2）油样应恒温至少 20min，水浴温度应稳定在 54℃ ±1℃。

（3）用竹镊子夹着蘸有石油醚的脱脂棉将搅拌桨擦净，风干。

（4）当乳化层界面不整齐时，应以平均值计。

（5）注意乳化层的分层情况，确定破乳化度时间。

（6）当破乳化时间在 0~10 min 时，两次平行测定结果的差值不大于 1.5min；当破乳化时间在 11~30min 时，两次平行测定结果的差值不大于 3.0min。

153. 简述破乳化度结果的判定。

答：（1）当油、水分界面的乳化层体积减至不大于 3mL 时，即认为油、水分离，停止秒表计时，所用时间即为该油样的破乳化时间。

（2）计时超过 30min，油、水分界面间的乳化层体积依然大于 3mL 时，则停止试验，该油的破乳化度时间记为 30min，记录此时油层、水层和乳化层的体积。

（3）没有明显的乳化层，只有完全分离的上下两层，则从停止搅拌到上层体积达到 43mL 时所需的时间即为该油样的破乳化度时间，上层认定为油层。

（4）没有明显的乳化层，只有完全分离的上下两层，从停止搅拌开始，计时超过30min，上层体积依然大于43mL，则停止试验，油品的破乳化时间记为大于30min，上层认定为乳化层，分别记录此时水层和乳化层的体积。

154. 对于变压器油、汽轮机油和磷酸酯抗燃油，老化试验后的测试项目分别是什么？

答：（1）变压器油：老化后各油样进行酸值、油泥和介质损耗因数的测试。

（2）汽轮机油：老化后各油样进行酸值和油泥的测试。

（3）磷酸酯抗燃油：老化后各油样进行酸值、油泥和体积电阻率的测试。

155. 简述风机齿轮油主要测试项目及辅助测试项目分别有哪些。

答： 主要测试项目：运动黏度、酸值、水分、清洁度等级、光谱分析。

辅助测试项目：外观、颜色、密度。

156. 采用微库仑法测定抗燃油氯含量的技术要点有哪些？

答：（1）电解液必须测试时现配，且电解池内不能有气泡，正常新装电解液一次只能满足测试4~5h。

（2）平衡挡偏压偏离较大，要缓慢调节到正常值，才能开始测试。

（3）每次试验都要使用有证标准浓度液体进行校核，如连续进样转化率偏差达不到100%±20%，应重新清洗电解池及配置新电解液重新填装。

（4）为保证测定结果的准确性，连续测定试样过程中，应每4h用标准样品检查系统回收率，系统回收率为90%以上。

（5）随时注意添加电解液，调整液面高度在电极上边缘5~10mm，滴定池操作平稳。

157. 采用氧弹法测定抗燃油氯含量的技术要点有哪些?

答:（1）氧弹具有耐高温和耐腐蚀，能承受充氧压力和燃烧过程中产生的瞬间高压。

（2）试验过程中应保持密封。

（3）两电极间绝缘材料应承受不低于 100V 的电压。

（4）新氧弹和更换零件的氧弹，应经 20.0MPa 并保持 5min 的水压试验合格。每 2 年或使用 1000 次后，氧弹需进行水压试验。

（5）坩埚具备耐腐蚀性。

（6）点火丝应与样品接触，勿使点火丝接触坩埚，以免短路导致点火失败。

（7）充入氧弹中的氧气的压力要达到 3.0MPa。

（8）多次冲洗燃烧用的坩埚、氧弹盖及氧弹内壁，并将每次的冲洗液依次收集到锥形瓶中。

（9）测定前应进行空白试验。

（10）平行测试结果误差应小于 6mg/kg。取两次满足重复性要求的测试结果的算数平均值作为报告值。

158. 测定空气释放值的技术要点有哪些?

答:（1）通气过程中要保持空气温度偏差控制在试验温度的 ±5℃范围内。

（2）小密度计读数时，若有气泡附在杆上，避开气泡读数。

（3）水浴温度应控制在 50℃±1℃，密度计读数精确至 0.001g/cm^3，连续两次密度计上下移动静止后读数一致，开始注入空气。

（4）注入空气期间，密度计应放置 50℃左右环境内保温，空气压力应稳控在 19.6kPa。

159. 简述测定石油产品倾点的技术要点。

答:（1）在观察试样的流动性时，从取出试管、观察试样流动性到试管返回到浴中的全部操作要求不超过 3s。

（2）温度计在试管内的位置必须固定牢靠，不能搅动试样中的块状物。

（3）在试验前24h内曾被加热超过45℃的样品，或是不知其受热经历的样品，均需在室温下放置24h后，方可进行试验。

（4）从第一次观察试样的流动性开始，温度每降3℃，都应观察试样的流动性，不能搅动试样中的块状物，也不能在试样冷却至足以形成石蜡结晶后移动温度计。

（5）低温时若冷凝的水雾妨碍观察，用清洁的布蘸与冷浴温度接近的擦拭液擦拭试管以除去外表面的水雾。

（6）如果使用自动倾点测定仪，要求严格遵循生产厂家仪器的校准、调整和操作说明书的规定。在发生争议时应按手动方法作为仲裁试验的方法。

160. 测定矿物油含量的技术要点有哪些?

答:（1）在试验前要在锥形瓶中加入瓷片，以防爆沸。

（2）回流至少1h，直到回流液清亮为止。

（3）转移到分液漏斗后需将液体摇匀、静置，每隔30s放气一次。

（4）在放气时应将分液漏斗的口部对外侧，避免气体冲出伤及实验人员。

（5）蒸干盛有石油醚的烧杯应在通风橱中进行。

161. 测定抗燃油自燃点的技术要点有哪些?

答:（1）测点应分别位于三角瓶的底部中心、侧壁和上部，且紧贴瓶壁。

（2）三个测试点的温度相差在1℃以内。

（3）三角瓶在使用前应清洗干净。

（4）两次测试结果的重复性应小于10℃。

162. 简述酸值的定义及测定意义。

答： 定义：采用沸腾乙醇抽出油品中的酸性成分，再用氢氧化钾乙醇溶液进行滴定，中和1g油品酸性组分所需要的氢氧化钾毫克数称为酸值。

意义：变压器油、涡轮机油、抗燃油在运行过程中，会逐渐老化，而酸值是最直接能表现出油品老化程度的指标。酸值异常可直接反映出油品可能有水分、杂质的存在。

163. 简述测定水溶性酸的意义。

答：（1）新油中有水溶性酸会对金属有强烈的腐蚀作用，严重影响设备安全运行。

（2）运行油存在水溶性酸，表明油质已开始老化，影响油的使用特性，并对油的继续氧化起催化作用，加速油的氧化。

（3）当水溶性酸的活度较大时会对金属有强烈的腐蚀作用，在有水的情况下更加严重；油在氧化的同时会产生水，严重降低油的绝缘性能。

（4）油中水溶性酸对变压器的固体绝缘材料老化有较大影响。

164. 简述测定油品密度的意义。

答：（1）鉴定油品密度是否合格。

（2）计算油品的质量，用于计量。

（3）鉴别不同密度的油品是否相混。

（4）判断油品的成分和原油的类型。

165. 对油泥析出进行定性分析的注意事项有哪些？

答：（1）油样要充分摇匀，直到所有的沉淀物都均匀悬浮在油中。

（2）量筒要清洗干净，无污渍和水渍。

（3）用正戊烷稀释至刻度线后，盖紧瓶塞。

（4）在暗处24h后，取出在光线充足的地方观察有无沉淀析出。

166. 对油泥析出进行定量分析的注意事项有哪些?

答:（1）滤纸和称量瓶在烘箱中干燥后取出，放入干燥器中冷却至室温称重，精确到0.0002g。

（2）油品与正戊烷要充分摇匀后进行过滤，并用正戊烷少量多次地洗涤滤纸直至滤纸无油迹。

（3）试验中要用约50℃的甲苯—乙醇混合液溶解滤纸上的沉淀物，直至过滤液清亮，滤纸边缘无油泥痕迹。

（4）测试时应同时进行溶剂的空白试验。

167. 配制及标定溶液的注意事项有哪些?

答:（1）分析实验所用的溶液应用纯水（或试剂水）配制，容器应用纯水洗三次以上，特殊要求的溶液应事先作纯水的空白值检验。如配制硝酸银溶液，应检验水中无氯离子。

（2）溶液要用带塞的试剂瓶盛装；见光易分解的溶液要装于棕色瓶中；挥发性试剂如用有机溶剂配制的溶液，瓶塞要严密；见空气易变质及放出腐蚀性气体的溶液应密封，长期存放时应蜡封。浓碱液应用塑料瓶盛装，如装在玻璃瓶中，要用橡皮塞，不能用玻璃磨口塞，以防止形成硅酸盐类物质粘住玻璃瓶口。

（3）每瓶试剂溶液必须具有名称、规格、浓度和配制日期的标签。

（4）溶液储存时可能的变质原因有:

1）玻璃会与碱性溶液作用，导致溶液中含有钠、钙、硅酸盐等杂质。对于低浓度标准溶液的影响不可忽略。低于1 mg/mL的离子溶液不能长期储存。

2）由于试剂瓶密封不好，空气中CO_2、O_2、NH_3或酸雾侵入使溶液发生变化，如氨水吸收CO_2生成NH_4HCO_3，KI溶液见光易被氧化生成I_2变为黄色，$FeSO_4$、Na_2SO_3等还原剂溶液易被氧化生成$Fe_2(SO_4)_3$、Na_2SO_4。

3）某些溶液见光分解，如硝酸银、汞盐等。有些溶液放置时间较长后逐渐水解，如铋盐、锑盐等。Na_2SO_3 还能受微生物作用逐渐使浓度变低。

4）由于易挥发组分的挥发，使浓度降低，导致实验出现异常现象。

（5）配制硫酸、磷酸、硝酸、盐酸等溶液时，必须把酸倒入水中。对于溶解时放热较多的试剂，不可在试剂瓶中配制，以免炸裂。配制硫酸溶液时，应将浓硫酸缓慢倒入水中，边加边搅拌，必要时以冷水冷却烧杯外壁。

（6）用有机溶剂配制溶液时（如配制指示剂溶液），有时有机物溶解较慢，应不时搅拌，可以在热水浴中温热溶液，不可直接加热。易燃溶剂使用时要远离明火。几乎所有的有机溶剂都有毒，应在通风柜内操作。应避免有机溶剂不必要的蒸发，烧杯应加盖。

（7）要熟悉一些常用溶液的配制方法。如碘溶液应将碘溶于较浓的碘化钾水溶液中，才可稀释。配制易水解的盐类的水溶液应先加酸溶解后，再以一定浓度的稀酸稀释。不能用手接触腐蚀性及有剧毒的溶液。剧毒废液应作解毒处理，不可直接倒入下水道。

（8）标定溶液时一定要用分析天平称准基准物质，选用正确的指示剂。

168. 测定油品水溶性酸碱的注意事项有哪些?

答:（1）试样必须充分摇匀，并立即取样。

（2）所用溶剂、蒸馏水、乙醇都必须为中性。

（3）所用仪器都必须保持清洁、无水溶性酸碱等物质残存或污染。

（4）加入的指示剂不能超过规定的滴数。

（5）pH 缓冲溶液应配制准确，且放置时间不宜过久。

169. 滴定法测定酸值的注意事项有哪些？

答:（1）测定酸值时先排除 CO_2 对酸值的干扰。需要煮沸 5min，去

除油中的 CO_2。

（2）滴定时必须趁热，避免 CO_2 溶于其中，在每次滴定时，从停止回流至滴定完毕所用的时间不得超过 3min。

（3）加入指示剂量规定为 0.5mL，用量不宜太多。指示剂是酸性有机化合物，会消耗碱，影响测定结果的准确度，造成较大的误差。

（4）酸值滴定至终点附近时，应缓慢加入滴定液，即将到达终点时，应改为半滴滴加，以减少滴定误差。

（5）氢氧化钾乙醇溶液保存不宜过长，一般不超过三个月。当氢氧化钾乙醇溶液变黄或产生沉淀时，应对其清液进行标定方可使用。

（6）对于颜色较深或酸值较大的油样，可以适当减少油样的称取量。

170. 简述使用酸度计的注意事项。

答:（1）仪器在使用前要开启稳定 30 min，按仪器说明书的规定进行校正。

（2）pH 计在定位和复定位电极及测试用的烧杯都应用水冲洗 2 次以上，用干净的滤纸将电极底部的水滴轻轻吸干后，将电极放入盛有缓冲液的测试烧杯中进行定位。

（3）复定位后的电极应用水冲洗 2 次以上，再用待测液冲洗 2 次以上，取适量待测溶液于测试烧杯中，立即将电极浸入待测溶液中进行测试。

（4）测试完毕后，应将电极用水反复冲洗干净。

171. 甘汞电极使用注意事项有哪些?

答:（1）甘汞电极使用前，应取下电极上端小孔和下端的橡皮塞。

（2）注意甘汞电极内的饱和 KCl 溶液液位是否合适，若液位过低，使用前应从电极上端注入饱和 KCl 溶液至合适位置；一般加入的饱和 KCl 溶液的液位在填充孔以下 1cm。甘汞电极使用完毕后，将注入孔和下端用橡皮塞重新套上，减少 KCl 溶液的损耗。

（3）甘汞电极内部溶液不能有气泡，以防止断路，若内电极与陶瓷芯之间有气泡，要设法排除。

（4）电极外表若附有晶体时，应用试剂水洗去，以免带进被测溶液，影响测量精度。

172. 采用 GB/T 28552—2012 测试油品酸值（BTB）的注意事项有哪些?

答:（1）所用无水乙醇应不含醛。醛在稀碱溶液影响下会发生缩合反应，随着时间的延长，会使氢氧化钾乙醇溶液变黄、变质，因此含醛乙醇必须先除醛。

（2）如无水乙醇呈碱性反应，在做酸值时，煮沸后的无水乙醇加入碱兰 6B 指示剂后呈微红色，表明乙醇有酚酞碱度（呈微碱性）。此时乙醇在使用之前应加几滴盐酸（0.1mol/L）中和其碱性，使乙醇变为微酸性后再使用。否则乙醇空白无法测出，导致酸值偏低。

（3）测定酸值时先排除 CO_2 对酸值的干扰。在室温下空气中 CO_2 极易溶于乙醇中（CO_2 在乙醇中溶解度较在水中大三倍）。需要煮沸 5min，目的是萃取油中有机酸。

（4）滴定时必须趁热，避免 CO_2 溶于其中。每次滴定时，从停止回流至滴定完毕所用的时间不得超过 3min。

（5）加入指示剂量规定为 0.2mL，用量太多时，会造成结果偏大。因为指示剂是酸性有机化合物，会消耗碱，影响测定结果的准确度。

（6）酸值滴定至终点附近时，应缓慢加入碱液，在即将到达终点时，改为半滴滴加，以减少滴定误差。

（7）加热煮沸乙醇时，应注意温度不可过高。

（8）氢氧化钾乙醇溶液保存不宜过长，一般不超过 3 个月。当氢氧化钾乙醇溶液变黄或产生沉淀时，应对其清液进行标定。

173. 玻璃电极使用注意事项有哪些？

答：（1）初次使用或久置不用重新使用的玻璃电极应在试剂水中浸泡 24h 以上后使用，使玻璃电极的不对称电位趋于稳定。

（2）玻璃电极球泡不能与玻璃杯及硬物相碰，防止球泡破碎或擦伤。

（3）玻璃电极球泡被污染时，先用适当的溶液清洗，再用试剂水冲洗干净，使电极恢复。若是被有机物污染，用棉花蘸四氟化碳或乙醚试剂轻轻擦净电极的头部；如发现敏感泡外壁有微锈，可将电极浸泡在 0.1mol/L 盐酸中，待锈清除后再使用。禁止将电极浸泡在浓酸溶液中，以防敏感薄膜严重脱水而报废。

（4）老化或损坏的电极要及时更换，以保证测量结果的准确性。

（5）若玻璃电极的内电极与球泡间有气泡，应设法除掉。

（6）玻璃电极老化或损坏的应及时更换，以保证测量结果的准确性。

174. 简述根据 GB 264—1983《石油产品酸值测定法》测试酸值的注意事项。

答：（1）测定酸值时先排除 CO_2 对酸值的干扰。需煮沸 5min，去除油中的 CO_2。

（2）滴定时必须趁热，避免 CO_2 溶于其中。在每次滴定时，从停止回流至滴定完毕所用的时间不得超过 3min。

（3）加入指示剂量规定为 0.5mL，用量不宜太多。指示剂是酸性有机化合物，会消耗碱，影响测定结果的准确度，会造成较大的误差。

（4）酸值滴定至终点附近时，应缓慢加入滴定液，在就要到达终点时，应改为半滴滴加，以减少滴定误差。

（5）氢氧化钾乙醇溶液保存不宜过长，一般不超过 3 个月。当氢氧化钾乙醇溶液变黄或产生沉淀时，应对其清液进行标定方可使用。

（6）对于颜色较深或酸值较大的油样，可以适当减少油样的称取量。

175. 根据 GB/T 7602.3—2008《变压器油、汽轮机油中 T501 抗氧剂含量测定法 第 3 部分：红外光谱法》，测定 T501 抗氧剂含量的注意事项有哪些？

答：（1）油样液体吸收池在注入油样前应用四氯化碳冲洗干净并吹干。

（2）油品注入液体吸收池中不得有气泡。

（3）液体吸收池的池窗要擦拭干净，避免影响测定结果。

（4）油样测定与绘制标准曲线所用的应是同一个液体吸收池。

176. 油品黏度、动力黏度、运动黏度的定义是什么？

答：定义：黏度是指油品在外界力的作用下，做相对层流运动时，油品分子间产生内摩擦阻力的性质。

动力黏度表示液体在一定的剪应力下做相对层流流动时的内摩擦力的度量，当流体受外力作用时，在流动的液体层之间存在着切向的内部摩擦力。

运动黏度是指温度为 t℃时的动力黏度与其密度的比值。

177. 运动黏度测定仪的维护及注意事项有哪些？

答：（1）水浴中未注入蒸馏水时，严禁进入测试状态，以免烧坏电热管。

（2）毛细管黏度计在清洗过程中，轻拿轻放，以免破碎。

（3）恒温浴中所用水必须为蒸馏水，如果长时间使用造成水变浑浊，则须及时更换。

（4）在测定试样的黏度之前，黏度计应用溶剂油或石油醚洗涤干净。如黏度计沾有污垢，用铬酸洗液、水、蒸馏水或 95% 乙醇依次洗涤，宜在常温下进行吹干。

（5）恒温水浴的温度每年必须进行校准，毛细管黏度计每年必须进行检定。

178. 油品运动黏度试验的注意事项有哪些?

答:（1）为确保测试结果的准确性，用于测定黏度的秒表、毛细管黏度计和温度计都必须定期检定。

（2）黏度计选用应满足试样的流动时间一般不少于200s，内径0.4mm的黏度计流动时间不少于350s。

（3）试样中避免出现气泡。测黏度时试验中若存有气泡会影响装油的体积，而且进入毛细管后可能形成气塞，增大了液体流动的阻力，延长流动时间，导致测定结果偏高。

（4）试样含有水或机械杂质时，必须进行脱水和去除机械杂质，有杂质存在，会影响油品在黏度计内的正常流动，杂质黏附于毛细管内壁会使流动时间增大，测定结果偏高。有水分时，在高温下汽化，低温时凝结，均影响油品在黏度计内正常流动，使测定的结果准确性差。

（5）测定黏度时，要将黏度计调整成垂直状态。黏度计的毛细管倾斜，会改变液柱高度，从而改变了静压的大小，使测定结果产生误差。

（6）测定黏度时严格按规定恒温，是测定油品黏度的重要条件之一。液体油品的黏度随温度的升高而降低，随温度的下降而增大，故在测定中必须严格恒温。极微小的温度波动（超过±0.10℃），也会导致测定结果产生较大误差。

179. 简述高效液相色谱仪用紫外—可见光（UV—VIS）检测器的原理。

答: 原理：基于朗伯—比耳定律，即被测组分可吸收紫外光或可见光，且吸收强度与组分浓度成正比。

多数有机分子具有紫外或可见光吸收基团，因此有较强的紫外或可见光吸收能力，UV—VIS对环境温度、流速、流动相组成等的变化不是很敏感，可用于梯度淋洗。一般的液相色谱仪都配置有UV—VIS检测器。

用UV—VIS检测时，为了得到高的灵敏度，常以被测物质最大吸收的波长作为检测波长，但为了选择性或其他目的也可适当降低灵敏度要求，选择吸收稍弱的波长，另外，宜选择在检测波长下没有背景吸收的流动相。

180. 利用高效液相色谱法测试糠醛含量的要点有哪些?

答:（1）用新变压器油配制标准样品，在高效液相色谱仪中，新变压器油在糠醛保留时间处应无响应信号。

（2）储备溶液和标准溶液应避光保存于棕色瓶中，储备溶液有效期为3个月。如保存不当，标准溶液易变质，应采用新近配制的标准溶液。

（3）紫外检测器的检测波长应设置为274nm。

（4）启动高压泵前，应先对流动相进行超声波脱气，再排出连接泵和流动相软管中的气泡，避免气泡进入高压泵中。启动高压泵后，试验过程中需避免流动相中产生气泡。

（5）流动相的过滤器被污染，试验过程中容易产生气泡，应定期将流动相的过滤器依次浸入甲醇、20%硝酸溶液、蒸馏水中分别超声清洗20 min，保持其表面清洁。

（6）进样时，注射器中不能含有气泡。

（7）待测油样在糠醛保留时间处有干扰峰，应改变流动相甲醇和水的比例，重新测试标准样品和测试样品，消除干扰峰对测试结果的影响。

第三章　SF_6 检测技术

181. 简述 SF_6 气体气密性检测原理和检测方法。

答：检测原理：SF_6 是负电性气体，具有吸收自由电子形成负离子的特性。

检测方法：常用方法共有五种，包括紫外电离检测法、红外激光成像法、电子捕获检测法、真空高频电离检测法及负电晕放电检测法。

182. SF_6 中矿物油含量测试的方法、原理是什么？

答：将定量的 SF_6 气体按一定的流速通过两个装有一定体积 CCl_4 的洗气管，使分散在 SF_6 气体中的矿物油被完全吸收，测定该吸收液在 $2930cm^{-1}$ 吸收峰的吸光度（相当于链烷烃亚甲基非对称伸缩振动），从工作曲线上查出吸收液中矿物油浓度，计算其含量。

183. SF_6 气体湿度检测露点法的原理是什么？

答：露点法是检测 SF_6 气体中微量水分的经典方法之一，其原理是被测气体在恒定压力下，以一定流量流过抛光金属镜面，当 SF_6 气体中的水汽随着镜面温度的逐渐降低达到饱和时，镜面开始出现露（或霜），此时所测量到的镜面温度即为露点，通过露点温度计算出湿度值。

184. SF_6 电气设备现场定性检漏有哪些方式？

答：（1）抽真空检漏法：在设备制造、安装中可以采用这种方法。

对试品抽真空，维持真空度在 133×10^{-6}MPa 以下，使真空泵运转 30min，停泵 30min 后读真空度 A，再过 5h 读真空度 B，如

$B-A$ 的值小于 133Pa，可以认为密封性能良好。

（2）定性检漏仪检测法：此方法适用于日常的 SF_6 设备维护。

采用校验过的 SF_6 气体检漏仪，将检漏仪探头沿着设备各连接口表面缓慢移动，根据仪器检出读数判断接口的气体泄漏情况。对气路管道各连接处必须仔细检查，一般移动速度以 10mm/s 左右为宜，以防探头移动过快错过泄漏点。该方法不应在风速过大的情况下使用，避免泄漏气体被稀释影响检测结果，并注意接口上的油脂对 SF_6 的溶解，检漏前要先排除这些干扰因素。无泄漏点发现，则认为密封良好。

185. SF_6 气体的处理方法有哪些？

答：（1）回收的 SF_6 气体中空气的处理方法。一般采用变压分离、吸附和透膜渗透的方法进行处理。变压分离法是将回收的 SF_6 气体加压液化，空气中的氮、氧的液化温度低于 SF_6，SF_6 优先液化，采用气液分离技术即可除去空气。吸附法是采用人工沸石对空气进行吸附处理。透膜渗透法是根据不同气体通过聚合物透膜的渗透率不同这一特性去除空气。

（2）回收的 SF_6 气体中水分及气态分解产物的处理方法。通常采用吸附剂进行处理，目前国内外应用于 SF_6 电气设备中的吸附剂主要是分子筛和氧化铝。

186. 现场进行 SF_6 电气设备气体泄漏检测时有哪些要求？

答：（1）SF_6 电气设备充气至额定压力，经 12~24h 之后方可进行气体泄漏检测。

（2）为了消除环境中残余的 SF_6 气体的影响，检测前应先吹净设备周围的 SF_6 气体，双道密封圈之间残余的气体也要排尽。

（3）采用包扎法检漏时，包扎腔尽量采用规则的形状，如方形、柱形等，使易于估算包扎腔的体积。在包扎的每一部位，应进行多点检测，取检测的平均值作为测量结果。

（4）采用扣罩法检漏时，由于扣罩体积较大，应特别注意扣罩的密封，防止收集的气体外泄。检测时应在扣罩内上下、左右、前后多点测量，以检测的平均值作为测量结果。

（5）定性检漏可以较直观地观察密封性能。对于定性检漏有疑点的部位，应采用定量检漏确定漏气的程度。经检查，如发现某一部位漏气严重，应进行处理，直到合格。

187. SF_6 电气设备气体分析样品的采集危险点分析及控制措施有哪些？

答：（1）在进行 SF_6 气体采集前，应注意识别设备取气阀门和密度继电器阀门，防止错开阀门引起设备密度继电器报警或闭锁。

（2）气体采集管路应带有气体流量控制阀门，接好采集管路后再开启设备取气阀门，阀门的开启速度应缓慢，防止气体压力剧降引发密度继电器报警。SF_6 气体采集后，应关好取气阀门后再取下测试管路。

（3）带自封顶针式阀门的 SF_6 设备在带电运行下采气和拔连接阀门时，要注意做好顶针无法复位情况下的应急处理。

（4）对带电的运行设备采气时，注意与高压带电部位保持足够距离。

（5）采样人员应注意站在上风向，防止有毒尾气吸入人体。在进入室内 GIS 采气时，应开启通风系统 15min 后再进入工作现场。采集故障设备内部气体，应戴 SF_6 防毒面具，穿防护服。

（6）爬高作业要系牢合格的安全带，安全带挂钩应挂在牢靠的固定物上，高挂低用。使用的梯子必须与地面斜角约 60°，梯子下端要有防滑措施，如绑扎在固定物上、垫橡胶套等，并设专人在下端监护。

188. 阐述 SF_6 气体酸度试验的意义及原理。

答：意义：SF_6 气体中酸和酸性物质的存在对电气设备的金属部件

和绝缘材料造成腐蚀，直接影响电气设备的机械、导电、绝缘性能，严重时会危及电气设备的安全运行。另外 SF_6 气体酸度的大小在一定程度上表征着 SF_6 气体的毒性大小和设备的健康状态，为了保证人身和电气设备的安全，需要对 SF_6 气体的酸度进行测定。

原理：将一定体积的 SF_6 气体以适当的流速通过盛有 NaOH 溶液的吸收装置，使气体中的酸和酸性物质被过量的 NaOH 溶液吸收，再用硫酸标准溶液滴定吸收液中过量的 NaOH 溶液，根据消耗硫酸标准溶液的体积计算出 SF_6 气体酸度。试验结果以氢氟酸（HF）的质量和 SF_6 气体的质量比表示（μg/g）。

189. 电气设备内部 SF_6 气体应如何回收？

答：（1）SF_6 气体回收装置应符合 DL/T 662—2009《六氟化硫气体回收装置技术条件》的要求。

（2）SF_6 气体回收容器附件使用应齐全，内部应无油污、无水分。

（3）SF_6 气体回收过程应符合回收装置使用规程要求。

（4）回收与净化处理后的气体，经检测合格后方可使用。

190. 电气设备中 SF_6 气体杂质的来源有哪些？

答：（1）SF_6 气体在制备过程中残存的杂质和在加压充装过程中混入的杂质。

（2）检修和运行中充气和抽真空时混入、设备内部表面或绝缘材料释放、气体处理设备中油进入到气体中。

（3）开关设备在电流开断期间，由于高温电弧的存在，导致 SF_6 分解的产物、电极合金及有机材料的蒸发物或其他杂质形成。

（4）电气设备内部电弧产生的杂质。

191. SF_6 气体酸度试验的注意事项有哪些？

答：（1）各接口气密性需完好。

（2）尾气必须排放至室外，排放前需经碱洗处理。

（3）连接管路的乳胶管应尽量短。

（4）连接钢瓶的采样系统必须能承受 0.1MPa 压力。

（5）取样完毕后先关闭钢瓶阀门，再关闭氧气减压表阀门。

（6）向三个吸收瓶加碱液时，应规范操作，确保三个吸收瓶加入碱液的体积是相同的，否则测量结果可能出现负值。

（7）吸收瓶与气路连接时应注意区分进气口与出气口，避免错接造成吸收液倒灌。

（8）在滴定吸收液时应小心操作，注意观察滴定终点，防止滴定过点。三瓶吸收液滴定终点的颜色深浅应控制一致，否则结果可能出现负值。

192. SF_6 中可水解氟化物试验的注意事项有哪些？

答：（1）用氟离子选择电极进行测定氟离子含量时，溶液的 pH 值一定严格控制在 5.0～5.5 之间。

（2）用茜素—氟镧络合比色法测定氟离子含量时，要注意络合剂的保存期，该试剂在 15～20℃下可保存一周，在冰箱冷藏室中可保存一个月。

（3）在配制茜素—氟镧络合试剂时，如果茜素氟蓝溶液中有沉淀物，需用滤纸将其过滤到 250mL 容量瓶中，再用少量去离子水冲洗滤纸，滤液一并加到容量瓶中；冲洗烧杯及滤纸的水量都应尽量少，否则最后液体体积会超过 250mL。加丙酮摇匀的过程中有气体产生，可能导致溶液逸出，打开容量瓶瓶塞放气，以防崩开。

（4）氟离子含量的两种测定方法的工作曲线在每次测定样品时都需重新绘制。

193. SF_6 中矿物油含量试验的注意事项有哪些？

答：（1）在试验操作过程中，向封固式玻璃洗气瓶中注入 CCl_4 时，不可用硅（乳）胶管作导管，否则结果偏高。两支洗气瓶之间的连结管用尽量短的硅胶管（最好用前用 CCl_4 浸泡），使两玻璃接口对接，吸收结束后，转移吸收液时，用少量空白 CCl_4 将洗气瓶的硅胶管连接处外壁冲洗干净，再进行转移。

（2）吸收液需使用新蒸馏的 CCl_4，且空白测定和吸收液需用同一瓶试剂。

（3）吸收过程中流速不宜太快，必须在冰水浴中进行。

（4）基线取法应以过 $3250cm^{-1}$ 且平行于横坐标的切线为基线，因为作 3000 及 $2880cm^{-1}$ 处的切线为基线，3000 及 $2880cm^{-1}$ 处的吸光度不仅会随样品中矿物油浓度的增加而增大，同时 $2930cm^{-1}$ 处的吸收峰形也随 CCl_4 的纯度不同（不同瓶）而不同，且吸光度的计算也较繁琐。

194. SF_6 气体检漏局部包扎法的测量方法及注意事项有哪些？

答： 局部包扎法，即试品的局部用塑料薄膜包扎，经过一定时间后，测定包扎腔内 SF_6 气体的浓度并通过计算确定年漏气率的方法。

局部包扎法一般用于组装单元和大型产品的场合。包扎时可采用 0.1mm 厚的塑料薄膜按被试品的几何形状围一圈半，使接缝向上，包扎时尽可能构成圆形或方形。经整形后，边缘用白布带扎紧或用胶带沿边缘粘贴密封。塑料薄膜与被试品间应保持一定的空隙，一般为 5mm。包扎一段时间（一般为 24h）后，用检漏仪测量包扎腔内 SF_6 气体的浓度。根据测得的浓度计算漏气率等指标。

采用局部包扎法时应注意：由于塑料薄膜对 SF_6 气体有吸附作用，以及包扎的气密性和包扎体积的测量误差，都会影响到年漏气率的准确计算。一般包扎前用吸尘器沿包扎面吸洗一次，包扎时间以 12～24h 为宜，同时应注意检测仪器调零时，环境的 SF_6 气体含量应小于检漏仪的最低检测量，以排除外界对包扎体的影响。

195. 露点法检测 SF_6 气体湿度的注意事项有哪些?

答:(1)测量管路和测量接头的要求。

1)测量管路用不锈钢管或聚四氟乙烯管,长度一般在 2m 左右,内径 2~3mm。不得使用乳胶管或橡皮管。

2)测量管路应无扭曲、弯折、漏气现象。

3)测量管路使用前应洗净,再吹干或烘干,平时应放置在干燥器中。

4)测量接头要求用金属材料,内垫用金属垫片或用聚四氟乙烯垫片。

(2)测量压力要求与大气压力相同,仪器测量室出气口直接与大气相通。在仪器允许的条件下也可以在设备压力下测量,但要求按照说明书操作。

(3)当测量结果接近设备中 SF_6 气体的水分允许含量标准的临界值时,至少应该复测一次。测量结果应折算到 20℃时的数值。

196. SF_6 气体中空气、CF_4 含量等试验的注意事项有哪些?

答:(1)测定组分对于六氟化硫质量校正系数的分析条件应与样品测试时一致。

(2)新的色谱分离柱在使用前,应在 120℃下通载气,老化至少 4h。载气及流速与分析样品时相同。

(3)分析 SF_6 钢瓶气体应液相取样,取样时应将钢瓶倒置或倾斜,使气瓶出口处于最低点,否则导致测试结果偏高。

(4)样品分析前,采样管路需用样品气冲洗 3~5min,把取样回路中的空气、残气吹洗出,否则导致测试结果偏高。

197. 电气设备解体时对 SF_6 气体应采取哪些防护及管理措施?

答:(1)设备解体前需对气体全面分析,以确定其有害成分含量,制定防毒措施。通过气体回收装置将 SF_6 气体全部回收。

（2）工作人员在处理使用过的 SF_6 气体时，应配备安全防护用具（手套、防护眼镜、防护服和专用防毒呼吸器）。

（3）从事处理使用过的 SF_6 气体的工作人员应熟悉 SF_6 气体分解产物的性质，了解其对健康的危害性，并有专门的安全培训。

（4）处理 SF_6 气体时，应当明示工作场所注意事项，如禁火、禁烟、禁止高于 200℃的加热和无专门预防措施的焊接。

198. SF_6 气体检测仪器应如何管理?

答:（1）SF_6 气体试验的检测仪器、仪表和设备，应按照现场需求进行购置。

（2）对检测仪器应制定相应的安全技术操作规程。

（3）对 SF_6 气体检测仪表和设备，应制定相应的使用、保管和定期效验制度，并应建立设备使用档案。

（4）SF_6 气体检测仪器的校验周期应按照国家相关检定规程要求确定。暂无规定的宜每年效验一次。

第四章 天然气检测技术

199. 天然气的主要成分有哪些？

答： 天然气是以烃为主体的混合气体的统称，比空气轻，具有无色、无味、无毒特性。天然气不溶于水，密度为 0.7174kg/m^3，燃点为 650℃，爆炸极限（V%）为 5~15。天然气主要成分为烷烃，其中甲烷占绝大多数，另有少量的乙烷、丙烷、丁烷、硫化氢、二氧化碳、氮气、水汽、一氧化碳及微量的稀有气体，如氦和氩等。具体组分及其浓度范围见表 4–1。

表 4–1 天然气的组分及浓度范围（摩尔分数）

组分	浓度范围（摩尔分数，%）
氦	0.01~10
氢	0.01~10
氧	0.01~20
氮	0.01~100
二氧化碳	0.01~100
甲烷	0.01~100
乙烷	0.01~100
丙烷	0.01~100
异丁烷	0.01~10
正丁烷	0.01~10
新戊烷	0.01~2
异戊烷	0.01~2

续表

组分	浓度范围（摩尔分数，%）
正戊烷	0.01~2
己烷	0.01~2
庚烷及更重组分	0.01~1
硫化氢	0.3~30

200. 简述天然气体积发热量的含义与计算方法。

答：体积发热量是天然气的一个重要的参数。高位发热量是指规定量的气体在空气中完全燃烧时所释放出的热量。在燃烧反应发生时，压力 p_1 保持恒定，所有燃烧产物的温度降至与规定的反应物温度 t_1 相同的温度，除燃烧中生成的水在温度 t_1 下全部冷凝为液态外，其余所有燃烧产物均为气态。低位发热量是指规定量的气体在空气中完全燃烧时所释放出的热量，在燃烧反应发生时，压力 p_1 保持恒定，所有燃烧产物的温度降至与指定的反应物温度 t_1 相同的温度，所有的燃烧产物均为气态。其计算过程如下。

（1）理想气体。已知组成的混合物，在燃烧温度 t_1、计量温度 t_2 和计量压力 p_2 时的理想气体体积发热量计算公式为：

$$\tilde{H}^0[t_1, V(t_2,p_2)] = \bar{H}^0(t_1) \times \frac{p_2}{R \cdot T_2}$$

$$T_2=t_1+273.15$$

式中 $\tilde{H}^0[t_1, V(t_2,p_2)]$——混合物的理想气体体积发热量（高位或低位）；

$\bar{H}^0(t_1)$——混合物的理想摩尔发热量（高位或低位）；

p_2——计量压力；

R——摩尔气体常数，R=8.1314510J/（mol · K）；

T_2——绝对温度，K；

t_1——燃烧温度，℃。

另外一种计算方法如下：

$$\tilde{H}^0[t_1,V(t_2,p_2)]=\sum_{j=1}^{N}x_j\cdot\tilde{H}_j^0[t_1,V(t_2,p_2)]$$

式中 $\tilde{H}_j^0[t_1,V(t_2,p_2)]$——组分 j 的理想气体体积发热量（高位或低位）。

GB/T 13610—2014《天然气的组成分析　气相色谱法》给出了在不同的燃烧和计量参比条件下$\tilde{H}_j^0$值。

（2）真实气体。气体混合物在燃烧温度 t_1 和压力 p_1，计量温度 t_2 和计量压力 p_2 时的真实气体体积发热量计算公式为：

$$\tilde{H}[t_1,V(t_2,p_2)]=\frac{\tilde{H}^0[t_1,V(t_2,p_2)]}{Z_{mix}(t_2,p_2)}$$

式中 $\tilde{H}[t_1,V(t_2,p_2)]$——真实气体体积发热量（高位或低位）；

$Z_{mix}(t_2,p_2)$——在计量参比条件下的压缩因子。

201. 燃气电厂所使用的天然气质量依据哪个标准执行？

答：天然气在发电系统中主要用作燃料使用，质量标准参照二类天然气质量标准执行。具体验收根据 GB 17820—2018《天然气》标准项目开展，检测项目技术要求见表 4-2，取样规范按 GB/T 13609—2017《天然气取样导则》执行。

表 4-2　天然气技术要求及试验方法

项目	指标（一类）	指标（二类）	试验方法依据
高位发热量①②（MJ/m^3）	≥ 34.0	≥ 31.4	GB/T 11062
总硫（以硫计）①（mg/m^3）	≤ 20	≤ 100	GB/T 11060.8
硫化氢①（mg/m^3）	≤ 6	≤ 20	GB/T 11060.1
二氧化碳摩尔分数（%）	≤ 3.0	≤ 4.0	GB/T 13610

① 标准参比条件是 101.325kPa，20℃。

② 高位发热量以干基计。

202. 简述紫外荧光光度法测定天然气中总硫含量的原理。

答：采用具有代表性的气样通过进样系统进入到一个高温燃烧管中，在富氧的条件下，样品中的硫被氧化成SO_2。将样品燃烧过程中生产的水除去，然后将样品燃烧产生的气体暴露于紫外线中，SO_2吸收紫外线中的能量后被转化为激发态的SO_2，当SO_2分子从激发态回到基态时释放出荧光，所释放的荧光被光电倍增管所检测，根据获得的信号可检测出样品中的硫含量。

203. 测定天然气总硫含量（紫外荧光光度计法）的注意事项有哪些？

答：（1）测试样品中的硫浓度比校准过程中使用的最高标准样品浓度要低，比最低标准样品的浓度要高。

（2）测试时检查燃烧管和其他流动通道的元件，以确认试验样品被完全氧化。一旦观察到焦油或者烟灰，则应降低注入样品到燃烧炉的流量或减少样品进样量，或同时采用这两种手段。

（3）清洗出现焦油或者烟灰的部件。完成清洁或者调整后，需要重新安装并检查仪器的泄漏情况。对被测样品进行重新分析之前要重复进行仪器的校准步骤。

（4）每个试验样品要测试三次，并计算出检测器的平均响应值将样品体积换算到标准参比条件下。

（5）每次应分析质量控制样品以确认仪器或测试过程的性能。

204. 简述测定天然气中硫化氢含量（碘量法）的原理。

答：用过量的乙酸锌溶液吸收气样中的硫化氢，生成硫化锌沉淀，加入过量的碘溶液以氧化生成的硫化锌，剩余的碘用硫代硫酸钠标准溶液滴定。

205. 简述天然气组分含量色谱法的原理。

答：具有代表性的气样和已知组分的标准混合气，在同样的操作条件下，用气相色谱法进行分离。样品中许多重尾组分可以在某个时间通过改变流过柱子载气的方向，获得一组不规则的峰，这组重尾组分可以是 C_5 和更重组分，C_6 和更重组分，或 C_7 和更重组分。由标准气的组分值，通过对比峰高、峰面积或者两者均对比，计算获得样品的相应组成。

206. 天然气组分含量检测的注意事项有哪些？

答：（1）标准气的所有组分应均匀分布。对于样品中的被测组分，标准气中相应组分的浓度，应不低于样品中组分浓度的一半，也不大于该组分浓度的两倍。标准气中组分的最低浓度应大于 0.05%。

（2）载气的纯度应不低于 99.99%。

（3）进样系统应选用对气样中的组分惰性和无吸附性的材料制成，优先选用不锈钢。

（4）恒温操作时，应保持温度变化在 ±0.3℃以内。程序升温时，柱温不应超过柱中填充物推荐的温度限额。

（5）在分析的全过程中，载气流量保持恒定，其变化应在 1% 以内。

（6）在分析过程中，检测器温度应等于或高于最高柱温，并保持恒定，变化值应在 0.3% 以内。

（7）色谱柱的材料对气样中的组分应呈惰性和无吸附性，优先选用不锈钢管。柱内填充物对被检测组分的分离应能达到最佳效果。

（8）吸附柱应能完全分离氧、氮和甲烷，分离度应大于或等于 1.5。

（9）分配柱应能分离二氧化碳和乙烷到戊烷之间的各组分。在丙烷之前的组分，峰返回基线的程度应在满标量的 2% 以内。二氧化碳的分离度应大于或等于 1.5。

（10）若水分对分析存在干扰，在进样阀前应配备干燥器。干燥器应只能脱除气样中的水分而不脱除待测组分。

（11）真空泵的真空度应达到绝对压力为 130Pa 或更低。

（12）对于摩尔分数大于 5% 的任何组分，应获得其线性数据。在宽浓度范围内，色谱检测器并非真正的线性，应在与被测样品浓度接近的范围内，建立其线性。

（13）对于摩尔分数不大于 5% 的组分，可用 2~3 个标准气在大气压下，用进样阀进样，获得组分浓度与响应的数据。

（14）对于摩尔分数大于 5% 的组分，可用纯组分或一定浓度的混合气，在一系列不同的真空压力下，用进样阀进样，获得组分浓度与响应的数据。

（15）对于蒸气压小于 100Pa 的组分，由于没有足够的蒸气压，不应使用纯气体检测其线性。

（16）当仪器稳定后，两次或两次以上连续进标准气检查，每个组分响应应在 1% 以内。

（17）在实验室，样品应在比取样时气源温度高 10~25℃的温度下达到平衡。温度越高，平衡所需时间就越短。

（18）如果气源温度高于实验室温度，气样在进入色谱仪之前需预先加热。如果已知气样的烃露点低于环境最低温度，则不需要加热。

（19）为了获得检测器对各组分，尤其是对甲烷的线性响应，进样量不应超过 0.5mL。测定摩尔分数不高于 5% 的组分时，进样量允许增加到 5mL。

（20）样品瓶到仪器进样口之间的连接管线应选用不锈钢或聚四氟乙烯管，不得使用铜、聚乙烯、聚四氯乙烯或橡胶管。

第五章　电气设备用油气管理及故障诊断

207. 简述变压器油中水分和油中溶解气体分析取样要求。

答：变压器油一般应从设备底部的取样阀取样，特殊情况下，可在不同取样部位取样。取样量应符合下列要求：

（1）进行油中水分含量测定的油样，剩余部分可用于油中溶解气体分析，不必单独取样。

（2）常规分析根据取样规范取样，以够实验用为限。

（3）做溶解气体分析时，取样量为 50 ~100mL。只用于测定油中水分含量的油样，可取 10~20mL。

208. 变压器安装交接阶段变压器油应监督哪些项目？

答：（1）对新变压器，应先检查充氮压力表是否是微正压，再从变压器本体取残油，做色谱和微水分析，确定设备是否受潮和变压器出厂时的状态。

（2）新油注入设备前应用真空滤油设备进行过滤净化处理，以脱除油中的水分、气体和其他颗粒杂质，达到 GB/T 14542—2017《变压器油维护管理导则》要求后方可注入设备。对互感器和套管用油的检验依据 GB 50150—2016《电气装置安装工程 电气设备交接试验标准》规定执行。

（3）净化脱气合格后的新油，经真空滤油机注入变压器本体，在真空滤油机和变压器本体之间进行热油循环，热油循环至少应保证三个循环周期以上，当热油循环的各项指标达到 GB/T 14542—2017 的标准后，可停止热油循环。

（4）在变压器通电投运前，其油品质量应符合 GB/T 14542—2017 中“投入运行前的油”的要求。油中溶解气体组分含量的检验按照 DL/T 722—2014《变压器油中溶解气体分析和判断导则》的规定执行。

209. 变压器内产气故障的分类有哪些?

答： 运行变压器内常发生的气体故障主要有过热性故障和放电故障两大类。

（1）过热性故障。

1）按故障温度分类，变压器的过热性故障可分为四种，见表 5-1。

表 5-1　过热性故障分类

故障温度	类别
<150℃	轻微热点故障
150~300℃	低温热点故障
300~700℃	中温热点故障
>700℃	高温热点故障

2）按产生过热故障的部位分类：可分为裸金属过热故障和介入绝缘的裸金属故障。

（2）放电故障。根据放电的能量密度，放电故障可分为局部放电故障和其他形式的放电故障。局部放电是指液体和固体绝缘材料内部形成桥路的一种放电现象，故障的能量密度较小，一般约小于 1×10^{-6}C，而其他形式的放电故障，如火花放电、电弧放电等的能量密度较大，一般约大于 1×10^{-6}C。

210. 变压器局部放电故障分为几类?

答：（1）按绝缘部位分为固体绝缘介质空穴放电、电极尖端放电、油中沿固体表面放电、油角间隙放电、油—隔板式绝缘中的油隙放电。

（2）按放电能量密度分为低能量密度放电（约 <1×10^{-9}C）和高能量密度放电（约为 1×10^{-9}~1×10^{-6}C）。

（3）按绝缘介质分为气泡放电和油中局部放电。

211. 根据国内实际运行经验，运行变压器油按主要特性指标评价大致分为几类？

答：（1）第一类：可满足变压器连续运行的油。此类油的各项性能指标均符合 GB 7595 中按设备类型规定的指标要求，不需采取处理措施，能继续运行。

（2）第二类：能继续使用，仅需过滤处理的油。这类一般是指油中含水量、击穿电压超出 GB/T 7595—2017《运行中变压器油质量》中按设备类型规定的指标要求，而其他各项性能指标均属正常的油品。此类油品外观可能有絮状物或污染杂质存在，可用机械过滤去除油中水分及不溶物等杂质，但处理必须彻底，处理后油中水分含量和击穿电压应能符合 GB/T 7595—2017 的要求。

（3）第三类：油品质量较差，为恢复其正常特性指标必须进行油的再生处理。此类油通常表现为油中存在不溶物或可沉析性油泥，酸值、界面张力或介质损耗因数超出 GB/T 7595—2017 的规定，此类油必须进行再生处理或者更换。

（4）第四类：油品质量很差，当酸值增加值、油泥与沉淀物、闪点、水溶性酸、介质损耗因数、色度变化、腐蚀性硫性能指标中一项或多项不符合 DL/T 1837—2018《电力用矿物绝缘油换油指标》要求时，从技术角度考虑应予报废。

212. 变压器内部产生放电故障的原因是什么？

答：（1）设备的设计不良。变压器的线路结构在电磁方面不对称，线圈匝绝缘裕度不够或局部绕组电场强度过高造成绝缘弱点。

（2）使用的材质不良。变压器中使用的材料存在缺陷，如固体绝缘材料中存在空腔或小空隙，导致其内有气体；变压器油中存在气体和极性杂质。

（3）加工和安装工艺不符合要求。部件加工不良，存在尖角、毛刺等，容易导致尖端放电；引线间距离太近，引起相间短路；高压套管端部接触不良，形成悬浮电位引起火花放电；金属部件或导体之间电气绝缘不良；线圈浸漆出现漆瘤，其内含有气体等。

（4）运行维护不良。雷击、操作过电压；过负荷运行或外部多次短路等引起分接开关和绝缘损伤；密封不良，导致绝缘材料受潮，甚至油中进水；铁芯接地不良等。

213. 变压器产生过热故障的原因是什么？

答：（1）热点连接不良。载流导线和接头不良引起过热故障，如分接开关动、静触头接触不良，引线接头虚焊，线圈股间短路，引线过长或包扎绝缘损伤引起导线相接触产生环流发热，超负荷运行、绝缘材料膨胀、油道堵塞引起的散热不良。

（2）磁路故障。铁芯多点接地造成循环电流发热；铁芯片间短路、铁芯与穿心螺钉短路造成涡流发热；漏磁引起的油箱、铁芯夹件、压环等局部过热。

变压器运行时出现内部故障的原因不单一，通常存在热点的同时也有局部放电，且故障是在不断发展和转化的，局部过热可进一步发展成局部放电，乃至击穿，加剧了高温过热。判断故障原因时，应特别注意综合分析。

214. 影响变压器油劣化的因素有哪些？

答：（1）抗氧化能力。通常绝缘油在生产过程中都会添加抗氧化剂T501，标准规定抗氧化剂的含量在新油中不低于0.3%~0.5%，运行中的绝缘油抗氧化剂的含量为不低于0.15%，因此氧化剂含量水平的大小直接决定了油品本身的抗氧化能力强弱。

（2）氧气。氧气主要来源于变压器里的空气。将新油注入设备时，即使用高真空脱气法注油，也不能将油中全部的氧气清除干净。即使变压器的密封性能再好，仍然存在一定量的氧气。氧气在油中的溶解度（16%）高于氮气的溶解度（7%），且氧气在油中溶解气体占的比例高于在空气，导致油品劣化。

（3）水分。水分是油氧化作用的主要催化剂。水分来源于大气中的湿气从设备外部侵入油中；纤维素吸附的水分浸入油中；纤维素老化形成水分。

（4）铜和铁材料的存在。许多化学反应在铜、铁的存在下会加速其氧化过程。对于变压器设备，其内部有大量的铜导线材料和铁芯及外壁铁材料，这是无法避免的催化剂之一。

（5）温度。绝大多数的化学反应中，温度是主要的反应加速剂。油与氧的化学反应的速度取决于变压器运行时的工作温度（即油温），温度从60～70℃起，每增加10℃油氧化速度约增加1倍。例如，油温在75℃时，大约需要5天，油就能与氧反应。反之，油温在50℃时，反应约需几个月时间。

（6）振动与冲击。变压器因磁致伸缩、电动机械等造成的振动或其内部受到突然冲击，会加速油与氧的化学反应。

（7）电场。在较低电场条件下，油受氧的氧化作用也会加速进行，在49kV/cm电场下，油吸收氧的能力提高70%，介损增加近一倍，水分含量增加5.6倍。

（8）纤维素材料。纤维素材料对油的老化过程会产生叠加效应，即油的老化对纤维材料老化有促进作用，反之，纤维材料的老化会加速油老化的进程。

215. 简述新投运变压器正常运行时变压器油中溶解气体的主要来源及产生原因。

答：（1）油浸式电力变压器的绝缘材料主要是变压器油和固体绝缘材料，如绝缘纸、层压板、绝缘漆等。变压器油在未投运前，虽经干燥、脱气，仍不彻底，存在残留气体。

（2）油与设备内材料接触，设备中油漆醇酸树脂在某些不锈钢的催化下可能生成大量的氢，某些改性的聚酰亚胺型的绝缘材料也可生成某些气体而溶解于油中。

（3）在制造厂干燥，以及浸渍、电气试验过程中，绝缘材料受热和电应力的作用产生的气体被多孔性纤维材料吸附，残留于线圈和纸板内，后溶解于油中。

（4）安装时，热油循环处理过程中会产生一定量的 CO_2，有时会产生少量 CH_4。

（5）部分变压器在制造或安装过程中，未采用真空注油或未排净气体，导致变压器油中空气含量偏高。

216. 从油罐或槽车中取样的注意事项有哪些？

答：（1）油样应从污染最严重的油罐底部取出，必要时可用取样勺抽查上部油样。

（2）从油罐或槽车中取样前，应排去取样工具内存油，再用取样勺取样。

217. 简述从电气设备中取样的注意事项。

答：（1）对于变压器、油开关或其他充油电气设备，应从下部阀门(含密封取样阀)处取样。取样前油阀门应先用干净甲级棉纱或纱布擦净，旋开螺帽，接上取样用耐油管，再放油将管路冲洗干净，将排出废油用废油桶收集，废油不应直接排至现场。用取样瓶取样，取样结束，旋紧螺帽。

（2）对需要取样的套管，在停电检修时，从取样孔取样。

（3）没有放油管或取样阀门的充油电气设备，可在停电或检修时设法取样。进口全密封无取样阀的设备，按制造厂规定取样。

218. 变压器油中气体组分含量检测取样的注意事项有哪些？

答：（1）油样应能代表设备本体油，放油阀中残存的油应尽量排除。从取样到分析的整个过程，油中溶解气体应尽可能保持不变。

（2）取样连接的方式可靠，尽量采用不使油中溶解气体逸散和空气混入的连接装置。

（3）取样时，排尽注射器与连接管道中的空气。

（4）取样过程中，采用玻璃注射器全密封取样。油样应在静压下自动地流入注射器内，不能拉动注射器芯，以免吸入空气或对油样脱气。取样后要求注射器芯能自由活动，以免形成负压空腔。

（5）取样前应将放油阀和连接装置等处的污物擦拭干净，防止油样被污染。避免粉尘等颗粒物沾染注射器芯，造成注射器芯卡涩。

（6）在设备负压状态下取油样时，可能会有外部空气引入油箱内，特别是在冬季负荷较低时更应当注意。

（7）取样应在晴天进行。

（8）取气样时应使用密封良好的玻璃注射器。取样前应用设备本体油润湿注射器，以保证注射器润滑和密封。

（9）所取油样和气样应尽快进行分析，油样保存期不得超过4天，否则会因油中溶解气体逸散，使分析结果偏低。在运输过程及分析前的放置时间内，必须保证注射器芯不卡涩。油样和气样都必须密封和避光保存，否则油样中的组分含量会发生变化。油样在运输过程中应避免剧烈振荡，以免造成对油样脱气。

（10）在取气体继电器中的气体时，也要用注射器，且在气体继电器动作后，应立即采取，马上分析，以防故障气体回溶到油中和气体组分在注射器存留过程中的扩散损失。

219. 变压器混油的注意事项有哪些？

答：（1）补充的油宜使用与原设备内同一牌号的油，以保证运行油的质量和原牌号油的技术特性。

（2）混合的两种油都添加了同一种抗氧化剂或都不含抗氧化剂。由于油中添加剂种类不同，混合后可能导致相互间发生化学变化而产生沉淀物等杂质。

（3）混合的两种油应保证质量良好、性能指标符合运行油质量标准的要求。

（4）若运行油有一项或多项指标接近运行油质量控制标准的极限值时，尤其是能反映油品老化性能的酸值、水溶性酸（pH值）、界面张力等项目，要补充新油进行混合时，须先经过白土或其他方法处理，并进行混油试验，以确定混合油的性能是否满足需要。

（5）如果运行油的质量有一项或多项指标已不符合运行油质量控制标准时，则应进行净化或再生处理后，才能考虑混油的问题，严禁利用直接补充新油来提高运行油的质量水平。

220. 简述运行中的变压器正常运行时变压器油中溶解气体的主要来源及产生原因。

答：在电场、热、氧等的作用下，充油电气设备内部的绝缘油和有机固体绝缘材料会逐渐老化和分解，产生一些非气态的劣化产物、氢、各种低分子烃类气体及一氧化碳、二氧化碳等，这些气体首先溶入油中，达到饱和后便从油中析出。

221. 变压器油气体故障分析中应用特征气体法判断的注意事项有哪些?

答：（1）C_2H_2 是区分过热故障和放电故障的主要指标。大部分过热故障，特别是出现高温热点时，会产生少量 C_2H_2，因此不能认为凡是有 C_2H_2 出现即为放电故障。另外，低能量的局部放电，并不产生 C_2H_2 或仅产生很少量的 C_2H_2。

（2）H_2 是油中发生放电分解的特征气体，但 H_2 的产生的原因很多，在识别故障性质时，要加以分析判断。当 H_2 含量增大，其他组分不增加时有可能是以下原因：

1）设备进水或有气泡存在，引起水和铁的化学反应。

2）在较高的电场强度作用下，水或气体分子分解。

3）由电晕作用产生。

4）若伴随着 H_2 含量超标，CO、CO_2 含量较大，即是固体绝缘材料受潮后加热老化所致。

（3）通常变压器内部的绝缘油及固体绝缘材料，在热和电的作用下，逐渐老化和受热分解，缓慢地产生少量的氢和低分子烃类，以及 CO 和 CO_2 气体。在识别故障性质时，要注意区分绝缘材料正常老化和设备故障产生的气体。

222. 变压器油气体故障分析中运用改良三比值法的注意事项有哪些?

答:（1）只有在气体各组分含量或气体增长率超过注意值时，判断设备可能存在故障，才能进一步用三比值法判断其故障类型。对于气体含量正常的设备，比值没有意义。

（2）跟踪过程中应注意设备的结构与运行情况，尽量在相同的负荷和温度下，在相同的位置取样。

（3）特征气体的比值，应在故障下持续监视。如果故障产气过程停止或设备已停运多时，将会使组分比值发生某些变化而导致误判。

（4）若发现气体比值和以前不同，可能有新老故障叠加或新故障和正常老化的产气的叠加，为了得到新故障的比值，要从最后一次的分析结果中减去上一次的分析数据，重新计算比值。

（5）由于溶解气体分析本身存在试验误差，导致气体比值存在某些不确定性，应注意各种可能降低精确度的因素。

223. 变压器油中生成油泥会对变压器有哪些影响?

答: 油泥是一种树脂状的部分导电物质，能适度的溶解在油中，但最终会从油中沉淀出来，黏附在绝缘材料、变压器的壳体边缘的壁上，沉积在循环油道、冷却散热片等地方，加速固体绝缘的破坏，造成变压器丧失吸收冲击负荷的能力，引起变压器线圈局部过热，使变压器的工作温度升高，降低设备出力。

224. 运行变压器油防劣措施应如何选用？

答：（1）为充分发挥防劣措施的效果，电力变压器应至少采用一种防劣措施，对大容量或重要的电力变压器，必要时可采用两种或两种以上的防劣措施配合使用。

（2）对低电压、小容量的电力变压器，应装设净油器；对高电压、大容量的电力变压器，应装设密封式储油柜。

（3）对 110 kV 及以上电压等级的油浸式高压互感器，应采用隔膜密封式储油柜或金属膨胀器结构。

（4）变压器在运行中，应避免足以引起油质劣化的超负荷、超温运行方式，并应采取措施定期清除油中气体、水分、油泥和杂质等。做好设备检修时的加油、补油和设备内部清理工作。

225. 正常老化情况下变压器油中糠醛含量随运行年限变化的注意值是多少？

糠醛含量随运行年限变化的注意值见表 5–2。

表 5–2　　糠醛含量随运行年限变化的注意值

运行年限（年）	1 ~ 3	4 ~ 6	7 ~ 9	10 ~ 12
糠醛含量（mg/L）	0.04	0.07	0.1	0.2
运行年限（年）	13 ~ 15	16 ~ 18	19 ~ 21	22 ~ 25
糠醛含量（mg/L）	0.4	0.6	1	2

注：1. 糠醛含量超过以上注意值时，应视为非正常老化，需跟踪监测。
2. 跟踪检测时，注意增长率。
3. 糠醛含量大于 2mg/L 时，认为绝缘老化已比较严重。

226. 简述绝缘纸的劣化分析判断指标要求。

答：（1）聚合度。聚合度是判断变压器绝缘老化程度的可靠手段之一，其大小直接反映了绝缘纸的劣化程度，一般新油浸纸的聚合度值约为 1000。运行后，由于受到温度、水分、氧的作用，纤维素发生降解，当聚合度值达到 250 左右时，绝缘纸的机械强度下降 50% 以上，如遇机械振动或其他冲击力，可能会造成绝缘材料损坏。聚合度值下降到 250，综合考虑，此状态下的变压器不宜继续运行。

（2）油中糠醛含量。绝缘纸的纤维素受高温、水分、氧气的作用发生裂解，形成多种小分子化合物，其中糠醛是绝缘纸因降解而产生的最主要的特征液体分子化合物，利用高效液相色谱技术测定油中的糠醛含量，可间接分析判断固体绝缘材料的老化程度。当糠醛含量达到 4mg/L 及以上，表明绝缘纸严重老化。

227. 变压器油补油和混油应满足哪些要求？

答：（1）油品需要混合使用时，参与混合的油品应符合各自的质量标准。

（2）需要补油时，应补加同一油基、同一牌号及同一添加剂类型的油品。应选用符合 GB 2536—2011《电工流体　变压器和开关用的未使用过的矿物绝缘油》的未使用过的变压器油或符合 GB/T 7595—2017《运行中变压器油质量》的已使用过的变压器油，且补加油品的各项特性指标都应不低于设备内的油。补油量较多时（大于 5%），在补油前应先做混合油的油泥析出试验，确认无油泥析出、酸值及介质损耗因数低于设备内的油时，方可进行补油。

不同油基、牌号、添加剂类型的油原则上不宜混合使用。特殊情况下，如需将不同牌号的新油混合使用，应按混合油的实测倾点（参考 GB 2536—2011 新变压器油的倾点指标）决定是否适用于该地区，再按 DL/T 429.6—2015《电力用油开口杯老化测定法》进行开口杯老化试验。老化后，混合油应无油泥析出，且混合油的酸值及介质损耗因数应不比最差的单个油样差。

228. 在变压器油验收和注入设备前后的检验中，化验人员应对哪几个方面进行监控？

答：（1）新油交货时的验收。

（2）新油脱气后注入设备前的检验。

（3）新油注入设备进行热循环后的检验。

（4）新油注入设备后通电前的检验。

（5）变压器油劣化程度的判断。

229. 为延长运行中变压器油的寿命，目前常采用的防劣化措施有哪些?

答:（1）安装油保护装置（呼吸器和密封式储油柜），以防止水分、氧气和其他杂质的入侵。

（2）安装油连续再生装置（净油器），以清除油中存在的水分、游离碳和其他劣化产物。

（3）在油中添加氧化剂（主要是使用T501抗氧化剂），提高油的氧化安定性。

（4）在油中添加静电抑制剂（主要使用BTA），抑制或消除油中静电荷的积累。

230. 采用真空过滤法处理变压器油时的注意事项有哪些?

答:（1）用冷态机械过滤处理方式去除油泥和游离水分效果较好；用热态真空处理去除溶解水和悬浮水的效果较好。

（2）油温应控制在70℃以下，以防油质氧化或引起油中T501抗氧化剂和某些轻组分的损失。

（3）处理含有大量水分或固体物质的油时，在真空处理过程之前，应使用离心分离或机械过滤，能提高油的净化效率。

（4）对超高压设备的用油进行深度脱水和脱气时，采用二级真空滤油机，真空度应保持在133 Pa以下。

（5）在真空过滤过程中，应定期测定滤油机的进、出口油的含气量、水分含量或击穿电压，以监督滤油机的净化效果。

231. 变压器油中溶解气体的主要来源有哪些?

答:（1）空气的溶解。

（2）变压器类设备正常运行下产生的气体。

（3）故障运行下产生的气体。

（4）气体的其他来源，如绝缘材料吸附释放、外界气体侵入等。

232. 变压器等设备热故障运行下产生的气体有哪些？

答: 变压器内部发生各种过热故障，局部温度较高，导致热点附近的绝缘物发生热分解，析出气体。

变压器油的烃分子约在 300~400℃开始断链，并逐步生成低分子的饱和气态烃和 CO_2 等；随着热解温度升高，油品产生低分子烃的不饱和度不断增加，有烯烃和炔烃生成，各种烃类和 H_2 的含量也逐步增加。变压器内的油浸绝缘纸在空气中加热分解的主要产物是 CO_2 和 CO，其次是 H_2 和气态烃。

233. 变压器等设备正常运行下产生的气体有哪些？

答: 充油电气设备内部的绝缘油和有机固体绝缘材料，受到电场、热、氧等的作用，逐渐老化和分解，产生一些非气态的劣化产物、氢、各种低分子烃类气体及一氧化碳、二氧化碳等，先溶入油中饱和后从油中析出。

234. 变压器油的劣化分解包括几个阶段? 主要分解产物有哪些？

答: 油质劣化一般经过三个阶段：诱导期阶段、反应期阶段、和迟滞期阶段。

主要分解产物有：过氧化物、酸性物质、水分、醇类、金属皂类（包括环烷酸铜及环烷酸亚铁）、醛类、酮类、清漆、沥青、稀油泥。

235. 变压器油油品氧化分解后有哪些危害?

答: 油品开始氧化后，油中含有一系列不稳定的过氧化物，变压器内纤维素（纸）材料很容易与过氧化物反应，生成氧化纤维素，该化合物机械强度差，易造成绝缘材料脆化，致使绝缘材料耐电压冲击能力下降，严重时会导致电压击穿事故。

随着油品氧化程度的加深，油中含有各种酸及酸性物质，会降低油品的绝缘性能。当运行温度较高（如 80℃以上）时，固体纤维质绝缘材料易老化，尤其油中有大量的低分子水溶性酸和水存在时，就会降低设备电绝缘性能，缩短设备使用寿命。油中酸性物质还会使设备构件中所使用的铜、铁、铝等金属材料腐蚀，生成的金属盐作为油品老化的催化剂，进一步加快油的氧化进程。酸本身也是油氧化的加速剂，使油氧化产生更多的酸。

油质深度劣化的最终产物是油泥。油泥是一种部分导电物质，能适度溶于油中，但最终会从油液中沉淀出来并形成黏稠状的沥青质，黏附在绝缘材料、变压器的壳体边缘的壁上，沉积于循环油道、冷却散热片等地方，不仅加速了固体绝缘材料的老化，导致绝缘收缩，造成变压器丧失吸收冲击负荷的能力，而且会严重影响散热，引起变压器线圈局部过热，使变压器的工作温度升高，降低运行变压器的额定出力。

236. 过热故障的产气特征是什么?

答:（1）热点不涉及固体绝缘的裸金属过热故障：产生的气体主要是低分子烃类；甲烷与乙烯是特征气体，一般二者之和占总烃的 80% 以上。当故障点温度较低时，甲烷占的比例大，随着热点温度升高（500℃以上），乙烯、氢组分占比急剧增大。当严重过热（800℃以上）时，会产生少量乙炔，但其含量不超过乙烯量的 10%。

（2）涉及固体绝缘的过热故障：除产生上述低分子烃类气体外，还产生较多的 CO、CO_2。随着温度的升高，CO/CO_2 比值增大。

对于只限于局部油道堵塞或散热不良的过热故障，过热温度较低，且过热面积较大，此时对绝缘油的热解作用不大，导致低分子烃类气体相对较少。

237. 放电故障的产气特征是什么？

答：（1）放电产生的气体，由于放电能量不同而不同。如放电能量密度在 1×10^{-9}C 以下时，一般总烃不高，主要成分是氢气，其次是甲烷，氢气占氢烃总量约 80%~90%；当放电能量密度为 $1\times10^{-8}\sim1\times10^{-7}$C 时，则氢气相应降低，出现乙炔，一般在总烃中所占比例不到 2%，这是局部放电区别于其他放电现象的主要标志。

（2）电弧放电又称高能量放电。这类故障产气特征是乙炔和氢气占主要部分，其次是甲烷和乙烯，如涉及固体绝缘，瓦斯气和油中气的一氧化碳含量都比较高。出现电弧放电故障后，气体继电器中的氢气和乙炔等组分常高达几千微升 / 升，变压器油亦炭化变黑。

（3）低能量放电一般是火花放电，是一种间歇的放电故障。其产气主要成分也是乙炔和氢，其次是甲烷和乙烯，但由于故障能量较小，总烃一般不会太高。

（4）局部放电产气特征是氢气组分最多（占氢烃总量的 85%）以上，其次是甲烷。当放电能量高时，会产生少量乙炔。

238. 变压器油中如何添加 T501 抗氧化剂？

答：运行中油在添加 T501 抗氧化剂之前应清除设备内和油中的油泥、水分和杂质。具体加入方法为：

（1）热溶解法。从设备中放出适量的油，加温至 60℃左右加入所需量的 T501 抗氧化剂，边加入边搅拌，使 T501 抗氧化剂完全溶解，配制成一定浓度的母液（一般为 5%左右），待母液冷却到室温后，采用压滤机送入变压器内，并继续进行循环过滤，使药剂充分混合均匀。

（2）从热虹吸器中添加。将 T501 抗氧化剂按所需要的量分散放在热虹吸器上部的硅胶层内，由设备内通向热虹吸器的热油流将药剂慢慢溶解，并随油流带入设备内混匀。

239. 新投运变压器油应如何监督？

答： 新投运或大修后 66kV 及以上的变压器至少应在投运后 1 天、4 天、10 天、30 天各做一次油中气体组分检测。新投运或大修后 66kV 及以上的互感器，宜在投运后 3 个月内进行一次检测。制造厂规定不取样的全密封互感器可不做检测。

240. 简述改良三比值法的编码规则及故障类型判断。

改良三比值法采用五种气体的三对比值，是判断充油电气设备故障的主要方法。改良三比值法编码规则和故障类型的判断方法见表 5–3、表 5–4。

表 5–3　改良三比值法编码规则

气体比值范围 A	比值范围的编码		
	$\frac{C_2H_2}{C_2H_4}$	$\frac{CH_4}{H_2}$	$\frac{C_2H_4}{C_2H_6}$
$A<0.1$	0	1	0
$0.1 \leqslant A < 1$	1	0	0
$1 \leqslant A < 3$	1	2	1
$A \geqslant 3$	2	2	2

表 5–4　故障类型的判断方法

编码组合			故障类型判断	故障实例（参考）
$\frac{C_2H_2}{C_2H_4}$	$\frac{CH_4}{H_2}$	$\frac{C_2H_4}{C_2H_6}$		
0	0	1	低温过热（低于 150℃）	绝缘导线过热，注意 CO 和 CO_2 的含量，以及 CO_2/CO 值

续表

<table>
<tr><th colspan="3">编码组合</th><th rowspan="2">故障类型判断</th><th rowspan="2">故障实例（参考）</th></tr>
<tr><th>$\frac{C_2H_2}{C_2H_4}$</th><th>$\frac{CH_4}{H_2}$</th><th>$\frac{C_2H_4}{C_2H_6}$</th></tr>
<tr><td rowspan="3">0</td><td>2</td><td>0</td><td>低温过热（150~300℃）</td><td rowspan="3">分接开关接触不良，引线夹件螺丝松动或接头焊接不良，涡流引起铜过热，铁心漏磁，局部短路，层间绝缘不良，铁心多点接地等</td></tr>
<tr><td>2</td><td>1</td><td>中温过热（300~700℃）</td></tr>
<tr><td>0，1，2</td><td>2</td><td>高温过热（高于700℃）</td></tr>
<tr><td>0</td><td>1</td><td>0</td><td>局部放电</td><td>高湿度、高含气量引起油中低能量密度的局部放电</td></tr>
<tr><td rowspan="2">1</td><td>0，1</td><td>0，1，2</td><td>低能放电</td><td rowspan="2">引线对电位未固定的部件之间连续火花放电，分接抽头引线和油隙闪络，不同电位之间油中火花放电或悬浮电位之间的火花放电</td></tr>
<tr><td>2</td><td>0，1，2</td><td>低能放电兼过热</td></tr>
<tr><td>2</td><td>0，1</td><td>0，1，2</td><td>电弧放电</td><td>线圈匝间、层间短路，相间闪络，分接头引线间油隙闪络，引线对箱壳放电，线圈熔断，分接开关飞弧，因环路电流引起电弧，引线对其他接地体放电等</td></tr>
</table>

241. 引起油品氧化的因素及氧化过程是什么？

答：（1）油品与空气中的氧气接触是油品氧化的主要因素。

（2）温度、水分、金属催化剂及其他杂质会加速油品的氧化。

（3）油品中的烃类氧化初期产物是烃基过氧化物，后分解成酸、醇、酮等继续氧化成树脂质、沥青质，最终氧化成不溶于油的油泥。

242. 运行中汽轮机油颗粒度超标的原因有哪些?

答:（1）制造、安装质量差造成的焊渣、型砂、铁屑等杂物，存留在套装油管的边弯死角处，形成长期污染源。

（2）系统内部冲刷腐蚀或系统外部不断侵入的固体颗粒，导致运行中油的颗粒度不断上升。

（3）滤油及维护措施不力，油的颗粒度经常或长期超标。

243. 简述运行中汽轮机油乳化的原因。

答:（1）汽轮机油中存在水分。

（2）汽轮机油中存在乳化剂。

（3）机组高速运转过程中形成油水乳浊液。

244. 为使汽轮机发电机组安全可靠运行，汽轮机油应满足哪些条件?

答:（1）能在一定的运行温度变化范围内，保持油的黏度。

（2）能在轴颈和轴承间形成薄的油膜，减小磨损、摩擦。

（3）能将轴颈、轴承和其他热源传来的热量转移到冷油器。

（4）能在空气、水、氢的存在以及高温下抗拒氧化和变质。

（5）能抑制泡沫的产生和挟带空气。

（6）能迅速分离出进入润滑系统的水分。

（7）能保护设备部件不被腐蚀。

245. 运用于润滑油中的抗泡沫剂如何进行添加?

答: 用作汽轮机油消泡剂的二甲基硅油，其25℃的运动黏度为1000～10000mm²/s，添加量一般为10mg/kg左右。在实际应用中，一般只在产生泡沫的汽轮机油中添加硅油。为了使硅油能较好地与泡沫直接接触，并能良好分散，通常的做法是将10号柴油加温至50～600℃，在高速机械搅拌下，配成10%左右的硅油—柴油溶液，然后用喷雾器将其喷洒至汽轮机油箱的泡沫表面上。

246. 汽轮机油应如何开展补油和混油？

答：（1）需要补充油时，应补加经检验合格与原设备中相同黏度等级同一添加剂类型的涡轮机油。补油前应对运行油、补充油和混合油样进行油泥析出试验，混合油无油泥析出或混合油样的油泥不多于运行油的油泥方可补加。

（2）不同品牌、不同质量等级或不同添加剂类型的涡轮机油不宜混用，当不得不补加时，应满足下列条件才能混用：

1）应对运行油、补充油和混合油进行质量全分析，试验结果合格，混合油样的质量不低于未混合油中质量最差的一种油。

2）应对运行油、补充油和混合油样进行开口杯老化试验，混合油样无油泥析出或混合油样的油泥不多于运行油的油泥，酸值不高于未混合油中质量最差的一种油。

247. 汽轮机油库存油应如何管理？

答：（1）经验收合格的油入库前须经过滤净化合格后方可注入备用油罐，库存备用的新油与合格的油应分类、分牌号存放并挂牌、建账。

（2）向倒油罐、倒桶及存油容器装入新油前后，应进行油质检验，做好记录，以防油错混与污染。长期存储的备用油，应定期（一般每年）检验外观、水分及酸值，以保证油质处于合格备用状态。

（3）油桶、油罐、管线、油泵及计量、取样工具等应保持清洁。若发现内部积水、脏污、锈蚀以及接触过不同油品或不合格油时，应及时清除或清洗干净。

（4）定期检测管线、阀门开关情况；污油、废油应用专门容器盛装并单独存放。

（5）油桶应严密上盖；油罐装有呼吸器并应经常检查和更换吸潮剂。

248. 新汽轮机油验收时应检测哪些项目?

答: 检验项目至少包括:外观、色度、运动黏度、黏度指数、倾点、密度、闪点、酸值、水分、泡沫特性、空气释放值、铜片腐蚀、液相锈蚀、抗乳化性、旋转氧弹和清洁度(颗粒污染度)。同时应向油品供应商索取氧化安定性、承载能力及过滤性的检测结果,并确保符合 GB 11120—2011《涡轮机油》要求。

249. 新机组投运前 24h 应开展哪些汽轮机油检测项目?

答:(1)当新油注入设备后,应在油系统内进行油循环冲洗,并外加过滤装置,过程中取样测试颗粒污染度,至结果达到 SAE AS4059F 标准中 7 级或设备制造厂的要求,方能停止油系统的连续循环,同时取样进行油质全分析试验,试验结果应 GB/T 14541—2017《电厂用矿物涡轮机油维护管理导则》要求。

(2)新机组投运 24h 后,应检测油品外观、色度、颗粒污染等级、水分、泡沫特性及抗乳化性。

250. 运行中汽轮机油系统如何控制污染?

答: 对运行油油质进行定期检测的同时,应重点将汽机轴封和油箱上的油气抽出器(抽油烟机)以及所有与大气相通的门、孔盖等作为污染源进行监督。当发现运行油受到水分、杂质污染时,应检查装置的运行状况或可能存在的缺陷,如有问题应及时处理。为防止外界污染物的侵入,在机组上或其周围进行工作或检查时,应做好防护措施,特别是在油系统进行可能产生污染的作业时,严禁系统部件暴露在污染环境中。为保持运行油的洁净度,应对油净化装置进行监督,当运行油受到污染时,应采取措施提高净油装置的净化能力。

251. 汽轮机油对防锈剂的要求有哪些?

答:(1)对金属具有充分的吸附能力,在金属表面形成致密的分子膜，不易被酸或盐溶解。

（2）对油的溶解性良好，在使用中不易从油中析出。

（3）不影响油的物理化学性能。

（4）在汽轮机油运行温度下不易裂解，能保持防锈作用。

252. 简述汽轮机油中添加化学试剂的作用、种类及注意事项。

答：作用：

（1）提高油的氧化安定性，抑制油的老化变质。

（2）改善油的一些性能。

种类：抗氧化剂、破乳化剂、抗泡剂、金属防锈剂等。

注意事项：

（1）添加剂应与运行油和油系统有良好的相容性。

（2）添加剂应符合运行油的劣化程度、添加剂的有效量、油系统清洁状况、运行中补油率及其他运行条件。

253. 空气进入油中会造成什么危害？

答：（1）改变油的可压缩性。

（2）油中空气泡在高压下破裂，造成油系统压力波动，引起噪声和气蚀振动而损坏设备。

（3）气泡在高压下破裂时，可能产生瞬间高能与气泡中的氧造成油的氧化劣化。

（4）空气会破坏润滑油膜，可能产生机械摩擦。

（5）气泡的存在影响油箱的油位判断，可能造成供油不足或跑油事故。

254. 润滑油劣化造成的危害有哪些？

答：（1）降低润滑功能。

（2）危及调速系统。

（3）影响散热和冷却作用。

255. 影响油品黏度的因素有哪些?

答:（1）油品的化学组成和烃族结构。油品黏度随烃的分子量增大逐渐增大，在所有烃中，烷烃的黏度最小。

（2）温度。黏度随温度的升高而降低，随温度的降低而增大。

（3）压力。作用于油品的压力（液体油品大于4.0MPa）增加时，分子之间的距离减少而分子间的引力增大，因而黏度增加。

256. 油品中水分的来源、存在状态、影响因素分别是什么?

答: 来源：主要是外部侵入和内部自身氧化产生。

存在状态：主要有游离水、溶解水和乳化水三种。

影响因素：

（1）油品的化学组成。油品中各种烃类的含量不同，其溶解水的量不同。

（2）温度。水分在油中的溶解度会随温度的变化发生变化。如变压器油，当温度升高时溶解水量增加，温度降低水会因过饱和而分离出来。

（3）暴露在空气中的时间。油品在空气中暴露的时间越长，大气中的相对湿度越大，油吸收的水分越多。

（4）油品自身老化深度。运行中的油在自身氧化的同时会产生一部分水分。

257. 简述破乳化度的定义及主要影响因素。

答: 破乳化度是指在特定的仪器中，一定量的试油与水混合，在规定的温度下，搅拌一定的时间，油品与水形成乳状液，从停止搅拌到油层和水层完全分离时所需要的时间。

主要影响因素：油品的精制深度、设备的腐蚀程度、油品的运行环境、油品的使用年限。

258. 简述汽轮机油破乳化剂的添加方法。

答：在添加破乳化剂前，首先用滤油机除去油中的水分和机械杂质，然后用运行油配成含0.1%左右的添加剂浓溶液，在实验室中进行不同比例的破乳化度小型试验，确定其最佳的添加剂量。根据实验结果，用运行油配成含0.1%左右的破乳化添加剂浓溶液，经滤油机注入汽轮机主油箱，利用油系统的自身循环或滤油机循环过滤，使破乳化剂混合均匀。

259. 汽轮机油中添加剂的使用效果主要跟什么因素有关？

答：（1）运行油的劣化程度。

（2）添加剂的有效剂量。

（3）油系统的清洁状况。

（4）运行油的补油率。

260. T501抗氧化剂与其他种类的抗氧化剂相比具有哪些优点？

答：（1）T501抗氧化剂独特的化学结构（屏蔽酚），具有高度的抗氧化性能。油中加入这种抗氧化剂后，能有效地改善油的氧化稳定性，降低油氧化形成的酸性产物、沉淀物的含量，抑制低分子有机酸的生成。

（2）T501抗氧化剂有较广泛的适用范围，不仅适用于新油、再生油和轻度老化油，且对许多类型的润滑油，添加后均有良好效果。

（3）T501抗氧化剂对油的溶解性能良好，不易使油产生沉淀物。

（4）T501抗氧化剂及其氧化产物不会对绝缘油和设备中的固体绝缘材料的介电性能产生影响。

（5）T501抗氧化剂为中性、无腐蚀性、无毒、不溶于水、不吸潮、沸点高（265℃）、挥发性低、不易损失。

261. 汽轮机油对破乳化剂的要求有哪些?

答:（1）在常温下直接溶于油中，不需要有机助溶剂。

（2）具有较好的化学稳定性，在空气中或高温下氧化安定性好。

（3）不溶于水。

262. 汽轮机油破乳化度超标的原因及处理措施有哪些?

答: 汽轮机油的乳化现象，是目前电厂中运行汽轮机油普遍存在的问题。引起汽轮机油乳化的原因主要有三个：首先是汽轮机油中存在乳化剂，即新油带来的残留天然乳化物和运行油老化产生的低分子环烷酸皂、胶质等乳化物；其次是汽轮机油系统中含有水分，来源于机组在运行中的漏水、漏汽；第三是汽轮机油运行中循环搅拌作用。因此，解决汽轮机油乳化问题的最根本方法是消除运行机组的漏水、漏汽缺陷，减少汽轮机油中的乳化产物。向汽轮机油中添加破乳化剂，只是一种暂时的解决办法，难以从根本上解决汽轮机油的乳化问题。

满足汽轮机油要求起破乳化作用的表面活性剂种类较少，一般破乳化剂应具备以下特性：不需有机助溶剂可直接溶于油中，具有良好的化学稳定性、氧化安定性和显著的破乳化效果，且难溶于水。

263. 润滑油对抗泡剂的要求有哪些?

答:（1）表面张力小。

（2）具有较好的化学稳定性，在空气中高温下氧化安定性要好。

（3）凝点低，黏温性要好。

（4）蒸气压低，挥发性小。

（5）几乎不溶于水和润滑油。

264. 抗燃油新油及从油系统取样有哪些要求?

答:（1）磷酸酯抗燃油新油取样应按 GB/T 7597—2007《电力用油（变压器油、汽轮机油）取样方法》的规定进行。用于颗粒度测试的样品不得进行混合，应对单一油样分别进行测试。

（2）常规监督测试的油样应从油箱底部的取样口取样；如发现油质被污染，必要时可增加取样点（如油箱内油液的上部、过滤器或再生装置出口等）取样。

（3）取样前油箱中的油应在电液调节系统内至少正常循环 24h，常规试验应按 GB/T 7597—2007 要求取样；颗粒污染度测试取样应按 DL/T 432—2018《电力用油中颗粒度测定方法》要求进行。

（4）在油箱内油液上部取样时，应先将人孔法兰或呼吸器接口周围清理干净后再打开，按 GB/T 7597—2007 的规定用专用取样器从存油的上部取样，取样后应将人孔法兰或呼吸器复位。

265. 引起磷酸酯抗燃油电阻率降低的主要因素有哪些？

答：（1）极性污染物。

（2）颗粒杂质。

（3）添加剂。

（4）油的温度。

（5）补加的磷酸酯抗燃油电阻率不合格。

（6）新油注入前系统的清洁度不达标。

（7）运行中磷酸酯抗燃油的老化、水解等。

266. 运行中抗燃油污染的主要因素有哪些？

答：（1）水分。水分的存在会使磷酸酯水解产生酸性物质，腐蚀设备，还会加速磷酸酯的水解。

（2）固体颗粒。固体颗粒在一些关键部位沉积、堵塞，导致相应的元件动作失灵，同时固体颗粒也会对设备部件造成磨损，改变其动作的准确性。

（3）氯含量。氯含量过高，会对油系统部件产生腐蚀，损坏密封材料，同时还会加速磷酸酯的劣化。

（4）矿物油污染。抗燃油和矿物油分离比较困难，当混入矿物油会影响其抗燃性能，同时矿物油还会影响抗燃油的泡沫特性及空气释放性。

267. 磷酸酯抗燃油劣化的因素有哪些？

答：（1）水分。水分能加速抗燃油的劣化速度。

（2）酸值。油中酸性成分对油品的劣化起催化作用，酸值越大，油品的酸性成分越多，催化作用越大，如此造成恶性循环，危害较大。

（3）温度。抗燃油的酸值与温度有关，温度越高，酸值越大，劣化程度越严重。

（4）受热时间。受热时间越长，劣化程度越严重。

（5）油中金属杂质含量。大部分金属对抗燃油劣化有催化加速作用。

268. 简述抗燃油酸值超标的原因。

答：新油的酸值与不完全酯化产物的量有关，具有酸的作用，微溶解于水。磷酸酯液压油酸值的增加，主要来自其劣化（水解降解）产物，当劣化产物多至一定程度时，不仅对金属有一定的腐蚀性，还能加速磷酸酯的水解，缩短油的寿命，故酸值愈小愈好。

269. 机组检修后重新启动前抗燃油需检测哪些项目？

答：机组检修后重新启动前，抗燃油需进行全分析，检测项目包括外观、颜色、密度、运动黏度、倾点、闪点、自燃点、颗粒污染度、水分、酸值、氯含量、泡沫特性、电阻率、空气释放和矿物油含量。

270. 运行中抗燃油系统进行补油应符合哪些要求？

答：（1）运行中的电液调节系统需要补加磷酸酯抗燃油时，应补加经检验合格的相同品牌、相同牌号规格的磷酸酯抗燃油。补油前应对混合油样进行油泥析出试验，油样的配比应与实际使用的比例相同，试验合格方可补加。

（2）不同品牌规格的抗燃油不宜混用，当必须补加不同品牌的磷酸酯抗燃油时，应满足下列条件才能混用：

1）应对运行油、补充油和混合油进行质量全分析，试验结果合格，混合油样的质量应不低于运行油的质量。

2）应对运行油、补充油和混合油样进行开口杯老化试验，混合油样无油泥析出，老化后补充油、混合油油样的酸值、电阻率质量指标应不低于运行油老化后的测定结果。

（3）补油时，应通过抗燃油专用补油设备补入，补入油的颗粒污染度应合格；补油后应从油系统取样进行颗粒污染度分析，确保油系统颗粒污染度合格。

（4）磷酸酯抗燃油不应与矿物油混合使用。

271. 抗燃油系统换油处理应符合哪些要求？

答：（1）磷酸酯抗燃油运行中因油质劣化需要换油时，应将油系统中的劣化油排放干净。

（2）检查油箱及油系统，应无杂质、油泥，必要时清理油箱，用冲洗油将油系统彻底冲洗。

（3）冲洗过程中应取样化验，冲洗后冲洗油质量不得低于运行油标准。

（4）将冲洗油排空，应更换油系统及旁路过滤装置的滤芯后再注入新油，进行油循环，直到油质符合标准的要求。

272. 人体接触磷酸酯抗燃油后应采取哪些处理措施？

答：（1）误食处理：一旦吞进磷酸酯抗燃油，应立即采取措施将其呕吐出来，并及时就医诊治。

（2）误入眼内：立即用大量清水冲洗，再到医院治疗。

（3）皮肤沾染：用水、肥皂清洗干净。

（4）吸入蒸气：立即脱离污染气源，送往医院诊治。

273. 磷酸酯抗燃油如有泄漏迹象应采取哪些措施?

答:（1）消除泄漏点。

（2）采取包裹或涂敷措施，覆盖绝热层，消除多孔性表面，以免磷酸酯抗燃油渗入保温层中。

（3）将泄漏的磷酸酯抗燃油通过导流沟收集。

（4）如果磷酸酯抗燃油渗入保温层并着火，使用二氧化碳及干粉灭火器灭火，不宜用水灭火。

（5）磷酸酯抗燃油燃烧会产生有刺激性的气体，除产生二氧化碳、水蒸气外，还可能产生一氧化碳、五氧化二磷等有毒气体。现场应配备防毒面具，以防止吸入对身体有害的烟雾。

274. 报废及撒落的磷酸酯抗燃油应用哪些方法处理?

答:（1）对于报废的磷酸酯抗燃油，一般处理方法有再生利用、返回制造厂回收或高温焚烧等，具体应经技术经济比较后选取适宜的处理方法。

（2）对于撒落的抗燃油应收集，如果难以收集，应用锯末或棉纱汲取收集，采取高温焚烧的措施处理。

275. 使用磷酸酯抗燃油的注意事项有哪些?

答:（1）工作时应穿防护工作服，戴手套和防护眼镜。

（2）在测闪点和自燃点时，应在通风柜中进行，避免吸入抗燃油的烟气。

（3）人体接触抗燃油：若为误食，应立即采取措施将其呕吐出来，然后送医院诊治；若误入眼中，立即用大量的清水冲洗，并送医院诊治；若为皮肤沾染，应立即用水、肥皂清洗干净。

276. 运行中磷酸酯抗燃油应该采取哪些防劣措施?

答:（1）系统中精密过滤器的绝对过滤精度应在3μm以内，以去除油中的机械杂质，保证运行油的颗粒污染度不大于SAE AS4509D

6级以内的标准。

（2）应定期检查油系统过滤器，如过滤器压差异常，应查明原因，及时更换滤芯。

（3）应定期检查油箱呼吸器的干燥剂，如发现干燥剂失效，应及时更换，避免空气中水分进入油中。

（4）在机组运行的同时应投入抗燃油在线再生脱水装置，除去运行磷酸酯抗燃油老化产生的酸性物质、油泥、杂质颗粒及油中水分等有害物质。

（5）进行在线过滤和旁路再生处理时，应避免向油中引入含有钙、镁离子的污染物（如使用硅藻土再生系统等）。

（6）在旁路再生装置投运期间，应定期取样分析油的酸值、电阻率，如果油的酸值升高或电阻率降低，应及时更换再生滤芯或吸附剂。

277. 磷酸酯抗燃油储运过程应采取哪些防中毒措施？

答:（1）尽量减少油品蒸气的吸入量。首先，油品库房应保持良好的通风，进入轻质油库房作业前，先打开门和窗，让油品蒸气尽量逸散后再进入库内工作。进入轻油罐内作业时，必须事先打开人孔通风，穿戴有通风装置的防毒装备，佩上保险带和信号绳。操作时，罐外应有专人值班，以便随时与罐内操作人员联系，并轮换作业。油罐、油箱、管线、油泵及加油设备等应保持严密不漏。对使用多年腐蚀较严重的油罐，应定期检查，发现渗漏现象及时维修。进行轻油作业时，操作者应站在上风口位置，尽量减少油蒸气吸入。

（2）避免口腔和皮肤与油品接触。不准采用通过胶管用嘴去吸油品的方式来引油，必需时可用吸耳球或抽吸设备。作业完毕后，不得用含铅汽油洗手、洗衣服，要用碱水或肥皂洗手，未经洗手、洗脸、漱口，不得饮水和进食。换下的沾有油污、油垢的工作服、手套、鞋袜等应及时清洗。

278. 简述油品中的泡沫和气泡的危害性。

答：（1）增加了油的可压缩性，油压不稳，影响系统调节，严重时会导致控制系统失灵。

（2）产生噪声和振动，严重时会损坏设备。

（3）降低油泵的有效容积和油泵的出口压力，影响油循环。

（4）破坏油膜，发生磨损。

（5）油中溶有空气，高温下会加速油品的氧化变质。

279. 阐述废油再生处理的方法及选择再生方法的原则。

答：目前废油再生的方法较多，按净化原理可分为三种：物理净化、物理和化学净化、化学再生法。合理再生废油是选择再生方法的基本原则，一般原则如下：

（1）油的氧化不太严重，仅出现酸值和极少的沉淀物质等，或某一项指标变差，可选用物理和化学处理净化如过滤和吸附等方法。

（2）油的氧化较严重、酸值较高、颜色较深、沉淀物较多、劣化严重的油品，可采用化学再生法。

280. 运行油的取样应遵循哪些原则？

答：（1）取样前油箱中的油应在系统内正常循环至少 24h。

（2）常规监督测试的油样应从油箱底部的取样口取样。

（3）如发现油质被污染，必要时可增加取样点。

（4）油箱内油液上部取样时，应先将人孔法兰或呼吸器接口周围清理干净再打开，按 GB/T 7597—2007 的规定用的专用取样器从存油的上部取样，取样后将人孔法兰或呼吸器复位。

（5）颗粒度取样时，取样容器采用专用取样瓶，注意取样现场清洁干净。取样时先用干净的绸布蘸酒精或丙酮溶剂擦洗取样口，再用溶剂冲洗后，打开、关闭取样阀 3~5 次冲洗取样阀及取样管路，在不改变取样阀液体流量的情况下，尽快接取 200mL，移走取样瓶并盖好，关闭取样阀。

281. 油品净化中应用的净化材料应具备哪些条件?

答:（1）具有多孔性，能提供合适孔道，阻力小，同时能截留要分离的颗粒杂质。

（2）有一定吸收油中微量水分及吸附油中溶解溶质分子的功能。

（3）具有化学稳定性，有耐腐蚀、耐热性、不分解等性能。

（4）具有机械强度高，稳定性好，能承受一定的压力，便于拆装、更换。

282. 储运过程中防止油品变质的保障措施有哪些?

答:（1）为防止润滑油混入水分，应尽量将润滑油放入库房内存放。如库房储存条件有限，必须露天放置时，由于早晚温差较大，空气中水分会凝结并附着在容器壁上，油品在温度较高时会从空气中吸收水分，因此，包装外应加盖篷布，包装大桶应加防雨盖，减少与空气接触，避免水分、雨雪的进入。在储运过程中，应避免在雨雪天气时室外作业，在装卸油品地点设置防雨篷，在装卸完毕后将装卸口封好。

（2）油品的氧化是化学反应，温度和催化剂是影响化学反应速度的重要因素。油品与空气的接触面积越大，氧化速度越快。温度和压力的升高也能促进氧在油品中的溶解扩散，氧化更加强烈。在油品储运过程中，易接触金属，金属的表面催化作用会促使润滑油发生进一步氧化。因此在油品储运过程中，应尽量避光密封保存，减少油品与空气接触，保持温度和压力稳定，在油品中加入抗氧剂、钝化剂等添加剂也可减弱氧化反应的发生。尽量不采取金属包装容器储存油品，既节约了成本又减少了氧化反应发生的概率。

（3）对不同种类、不同牌号、不同产地、不同公司的变压器油和汽轮机油，应标示清楚、分别储放。对于桶装油一定要做到标记清楚。向石油供应部门购油时，若桶上无标记一定要询查清楚，并及时记录油品名称、牌号、重量、生产厂家及购油日期。专用装燃料油（汽油，柴油、煤油）的桶禁止混装其他类油品。

（4）强化工作人员的责任感，加强对所涉及的操作人员的培训教育，做到持证上岗、定期考核。同时严格监督油品质量情况，把好检验关，禁止不合格油品入库。

283. 油样运输和保存的注意事项有哪些?

答:（1）样品标签。标签的内容包括：单位、设备名称、运行编号、型号、取样人、取样日期、取样部位、取样天气、运行负荷、油牌号及油量备注等。

（2）油样的运输和保存。油样应尽快进行分析，做油中溶解气体分析的油样不得超过4天；做油中水分含量的油样不得超过7天。油样应放置在专用的油样箱中，油样在运输中应尽量避免剧烈振动，防止容器破碎，尽可能避免空运。油样运输和保存期间，必须避光、防潮、防尘，并保证注射器芯能自由滑动，不卡涩。

284. 化学危险品应如何存放管理?

答:（1）危险品储藏室应干燥、通风良好，门窗坚固，并应设在四周不靠建筑物的地方。易燃液体储藏室温度一般不许超过28℃，爆炸品不许超过30℃。

（2）危险品应分类隔离储存，量较大的应隔开房间，量小的也应设立铁板柜或水泥柜分开储存。对腐蚀性物品应选用耐腐蚀性材料作架子。对爆炸性物品可将瓶子存于铺有干燥黄沙的柜中。相互接触能引起燃烧爆炸及灭火方法不同的危险品应分开存放，绝不能混存。

（3）照明设备应采用隔离、封闭、防爆型，室内严禁烟火。

（4）经常检查危险品储藏情况，及时消除事故隐患。

（5）实验室及库房中应准备好消防器材，管理人员必须具备防火灭火知识。

285. 运行中风电齿轮油取样有哪些要求？

答： 定期项目检测取样时，应从过滤器进口处取样，取样点、取样条件应相对固定。风电机停运、检修和油质异常时的检测取样，应从排油阀取样，取样前清洁排油阀口。

286. 为什么要控制齿轮油的黏度？

答： 齿轮油的黏度决定润滑膜形成的厚度，合适的黏度可以在弹性流体中形成较厚的油膜，提高齿轮承载能力，降低齿面磨损。黏度过低，形成的油膜薄，易破裂，引起齿面直接接触，使齿面磨损剧烈产生发热，严重时导致烧结。黏度过大，油品内摩擦力大，流动性差，齿轮在运转中会造成阻力发热及动力损失。

287. 风电主油箱齿轮油补油及混油有哪些要求？

答： 运行中需要补加油时，应补加经检验合格的相同品牌、相同规格的油。补油前应按照 DL/T 429.6—2015 进行混油试验，油样的比例应与实际使用的比例相同，混合油样开口杯老化后油泥量不高于运行中油的油泥量时方可进行补加。当需要补加不同品牌的油时，除按照 DL/T 429.6—2015 进行混油试验外，还应对混合油样进行全分析试验，混合油样的质量不应低于运行油的质量标准。

288. 风电齿轮油老化后油质下降有哪些原因和表现？

答：（1）齿轮油氧化后，油品黏度增大。油品长时间的使用后，所含的抗氧剂消耗殆尽，无法阻止氧化连锁反应的进行，油品中的金属粉末和氧化产物又促进了氧化反应的进一步深化，通过缩合、聚合反应生成高分子聚合物，如胶质、沥青质和油泥等，促使油品黏度上升。此外，添加剂的氧化分解也是黏度上升的原因之一。

（2）齿轮油的黏度过大，齿轮工作时克服齿轮油内部摩擦所消耗的功率增大，传动功率降低；循环流动速度慢，冷却散热作用的效果差，导致齿轮箱过热，同时通过齿轮油滤清器的次数变少，不能及时洗滤掉磨损下来的金属屑、碳粒和尘土等杂质，使机件的清洁性变差。

（3）齿轮油氧化后，油品酸值变化。油的氧化、极压抗磨剂热分解或水解生成酸性产物，使油的酸值增大，对金属产生腐蚀。

（4）齿轮油在使用中所含的添加剂不断被消耗，其抗氧化性能、抗磨能力、抗泡沫等性能都会逐渐下降。

289. 齿轮油为什么要具有极压抗磨性?

答：齿轮在传动时，齿与齿间接触面不大，啮合部压力较高，对润滑油要求很高。在高速、低速重载荷和冲击负荷下，齿轮油形成的润滑膜，可防止齿轮金属工作面直接接触。若齿轮油的极压抗磨性差，会造成齿面产生擦伤、胶合、点蚀及磨损等，影响齿轮传动结构。

290. 齿轮油为什么要具有抗氧化安定性?

答：齿轮油的抗氧化性能会影响油品的使用寿命。工作中，齿轮油受摩擦工作面产生的热使温度升高，接触空气、水和具有催化作用的金属，很容易发生氧化。当齿轮油氧化后会失去原有的性质，不能保证齿轮油传动机构的正常工作，同时会产生酸性物质腐蚀金属，使得氧化产生的油泥、漆膜沉积在齿轮表面，影响齿轮的正常运行。

291. 齿轮油为什么要具有防腐、防锈性?

答：齿轮油在使用中发生氧化会产生腐蚀性酸，对金属产生腐蚀，在齿轮运转中，油被氧化会形成油泥、胶质等物质也会使齿轮生锈，影响齿轮的正常运行，因此齿轮油要具有良好的防腐、防锈性能。

292. 风电齿轮油试运行期间的油质监督工作包括哪些?

答:（1）试运行240h，进行首次油质检测。

（2）检测比例按照不同风力发电机组机型的10%抽样，抽样比例不应低于10%。

（3）油质检测项目应根据DL/T 1461—2015《发电厂齿轮用油运行及维护管理导则》标准要求开展运动黏度、颗粒污染度、酸值增加值、水分、光谱元素分析项目检测。

（4）对于油质检测存在不合格项目的齿轮箱，应由风机厂商、安装单位和风力发电场进行原因分析并制定措施，进行处理，直至再次检测油质合格，才能进行机组的移交。

293. SF_6 气体绝缘电器设备中的吸附剂应具备哪些性能?

答:（1）具有良好的机械强度。SF_6 断路器在开断时产生很大的机械振动，装于设备中的吸附剂受到强烈的冲击力，吸附剂强度不好将产生掉粉现象而影响设备性能。

（2）具有可靠的净化能力。SF_6 电气设备一般只有在解体时才能更换吸附剂，所以要求吸附剂要有足够的平衡吸附量，以保证设备解体前有可靠的净化能力。

（3）具有足够的吸附能力。在多种杂质共存的气体中，吸附剂对多种杂质和水都要有足够的吸附能力。

（4）不含有导电性或介电常数低的物质，防其影响 SF_6 气体的电气绝缘性能。

（5）耐高温和电弧的冲击。SF_6 断路器在开断中会产生高温和电弧，要求放在断路器中的吸附剂能耐高温和电弧的冲击。

294. 阐述 SF_6 电气设备运行中的安全防护措施。

答:（1）室内安装的 SF_6 电气设备，其安装室与主控室间应有气密性隔离，以防有毒气体扩散入主控室。

（2）设备安装室应定期进行 SF_6 和氧气含量的检测。

（3）SF_6 设备安装场所要安装通风系统，抽风口应设在室内下部。

（4）运行人员经常出入的户内设备场所每班至少换气 15min，换气量应达 3～5 倍的场所空间体积；对工作人员不经常出入的设备场所，在进入前应先通风 15min。

（5）在户内设备安装场所的地面层应安装带报警装置的氧量仪和 SF_6 泄漏报警仪。氧量仪在空气中含氧量降至 18%时应报警，SF_6 浓度仪在空气中 SF_6 含量达到 1000ppm 时应发出警报。

（6）定期监测设备内的水分、分解气体含量，如发现其含量超过允许值时，应采取有效措施；在气体采样操作及处理一般渗漏时，要在通风的条件下戴防毒面具工作。

（7）当 SF_6 电气设备故障造成大量 SF_6 气体外逸时，工作人员应立即撤离现场。若发生在户内安装场所，应开启室内通风装置，事故发生后 4h 内，任何人进入室内必须穿防护服、戴手套、护目镜和佩戴氧气呼吸器。在事故后清扫故障气室内固态分解产物时，工作人员也应采取同样的防护措施。清扫工作结束后，工作人员必须先洗净手、臂、脸部及颈部或洗澡后再穿衣服。被大量 SF_6 气体侵袭的工作人员，应彻底清洗全身并送医院诊治。

295. SF_6 气体中含水对设备及其安全运行有何危害？

答：（1）当 SF_6 气体中含水超过一定限度时，气体的稳定性会受到破坏，使 SF_6 气体耐压下降，对电气设备危害很大。

（2）SF_6 气体含水会使某些电弧气发生反应，产生腐蚀性极强的 HF 和 SO_2 等酸性气体，加速设备腐蚀。

（3）SF_6 水解反应会阻碍 SF_6 分解物的复原，增加了气体中有毒有害杂质的含量。

296. SF_6 气体应如何净化处理?

答:（1）应按照净化处理设备使用规程对气体进行净化处理。

（2）净化处理后的气体应达到 GB/T 12022—2014《工业六氟化硫》中新气质量的要求，见表 5-5。

表 5-5 六氟化硫净化处理后质量要求

项目	要求
六氟化硫纯度（质量分数）	$\geqslant 99.9 \times 10^{-2}$
空气含量（质量分数）	$\leqslant 300 \times 10^{-6}$
四氟化碳含量（质量分数）	$\leqslant 100 \times 10^{-6}$
六氟乙烷含量（质量分数）	$\leqslant 200 \times 10^{-6}$
八氟丙烷含量（质量分数）	$\leqslant 50 \times 10^{-6}$
水含量（质量分数）	$\leqslant 5 \times 10^{-6}$
酸度（以 HF 计）（质量分数）	$\leqslant 0.2 \times 10^{-6}$
可水解氟化物（以 HF 计）（质量分数）	$\leqslant 1 \times 10^{-6}$
矿物油含量（质量分数）	$\leqslant 4 \times 10^{-6}$
毒性	生物试验无毒

（3）SF_6 气体净化处理前应进行湿度、纯度、分解产物检测，根据 SF_6 气体的质量状况制定相应的气体净化方案和保障措施。

（4）SF_6 气体净化处理后的废气，应做无害化处理。

297. SF_6 气瓶应如何进行管理?

答:（1）使用 SF_6 气体的部门对 SF_6 气体质量应参照 GB/T 12022—2014 进行验收。

（2）SF_6 气瓶在存放时要有防晒、防潮的遮盖措施。储存气瓶的场所应宽敞，通风良好，且不准靠近热源及有油污的地方。

（3）气瓶安全帽、防振圈应齐全，气瓶应分类存放、注明明显标志，应竖放固定气瓶，标志向外，运输时可卧放。

（4）使用后的 SF_6 气瓶应留存余气，关紧阀门，盖紧瓶帽。

298. 使用过的 SF_6 气体存储及运输应如何管理？

答：（1）使用过的 SF_6 气体可临时存储在合适的钢瓶或其他容器中，应使用特殊的颜色标志，以免与存储新气的容器混淆。

（2）曾存储使用过的 SF_6 气体的钢瓶，禁止用来充装或运输 SF_6 新气。

（3）由于含有惰性气体，使用过的 SF_6 气体在充装时，充装系数应比充 SF_6 新气时低。气瓶压力设计为 8MPa 时，使用过的 SF_6 气体可用 1kg/L 的充装系数来充装。

（4）对使用过的 SF_6 气体的存储、运输，应遵守 GB/T 12022—2015 的规定。

299. 气体钢瓶的使用有哪些安全规定？

答：（1）不得擅自更改气瓶的钢印和颜色标记。

（2）气瓶使用前应进行安全状况检查，对盛装的气体进行确认。

（3）气瓶的放置地点，不得靠近热源，距明火 10m 以外。盛装易起聚合反应或分解反应气体的气瓶，应避开放射性射线源。

（4）气瓶立放时应采取防止倾倒措施。

（5）严禁敲击、碰撞气瓶；夏季应防止曝晒。

（6）使用钢瓶时必须配备合适的减压阀，拧紧丝扣，不得漏气。氢气表与氧气表结构不同，丝扣相反，不准改用。开启钢瓶阀门时，操作者必须站在气体出口的侧面，要小心缓慢开启，防止附件升压过速，产生高温。对充装可燃气体的气瓶还应注意避免因静电的作用引起气体燃烧。开阀时不能用钢扳手敲击瓶阀，以防产生火花；关气时应先关闭钢瓶阀门，放尽减压阀中气体，再松开减压阀螺杆。

（7）氧气瓶的瓶阀及其他附件都禁止沾染油脂；手或手套上、工具上沾有油脂时禁止操作氧气瓶；每种气体要有专用的减压器，氧气和可燃气体的减压器不能互用；瓶阀或减压器泄漏时不得继续使用。

（8）严禁在气瓶上进行电焊引弧。

（9）严禁用温度超过40℃的热源对气瓶加热。

（10）瓶内气体不须留有余气，永久气体气瓶的剩余压力应不小于0.05MPa；液化气体气瓶应留有不少于0.5%～1.0%规定充装量的剩余气体。

（11）在可能造成气体回流的使用场合，使用设备上必须配置防止倒灌的装置，如单向阀、止回阀、缓冲罐等。

（12）液化石油气瓶用户不得将气瓶内的液化石油气向其他气瓶倒装；不得自行处理气瓶内的残液。

（13）气瓶投入使用后，不得对瓶体进行挖补、焊接修理。

300. 气瓶储存有哪些安全规定？

答：（1）应置于专用仓库储存，气瓶仓库应符合GB 50016—2014《建筑设计防火规范》的规定。

（2）仓库内不得有地沟、暗道，严禁明火和其他热源；仓库内应通风、干燥，避免阳光直射。

（3）盛装易起聚合反应或分解反应气体的气瓶，必须规定储存期限，并应避开放射性射线源。

（4）空瓶与实瓶两者应分开放置，并有明显标志；毒性气体气瓶和瓶内气体相互接触能引起燃烧、爆炸，产生毒物的气瓶，应分室存放，并在附近设置防毒用具或灭火器材。

（5）气瓶放置应整齐，佩戴好瓶帽。立放时，要妥善固定；横放时，头部朝同一方向，垛高不宜超过5层。

301. 设备检修、解体时的 SF_6 气体应如何监督与管理?

答:（1）设备检修、解体时的管理。

1）设备检修或解体前，应按 GB/T 8905—2012《六氟化硫电气设备中气体管理和检测导则》的要求对气体进行全面分析，确定其有害成分含量，制定安全防护措施。

2）对设备解体大修前的气体检验，必要时可由技术监督机构复核检测并与设备使用单位共同商定检测的特殊项目及要求。

3）设备解体检修前，应对设备内的 SF_6 气体进行回收，不得直接向大气排放。

（2）设备检修、解体时的安全防护。

1）设备检修、解体时的安全防护应按照 DL/T 639—2016《六氟化硫电气设备运行、试验及检修人员安全防护导则》的规定执行。

2）进行 SF_6 电气设备解体检修的工作人员，应经专门的安全技术知识培训，佩戴安全防护用品，并在安全监护人监督下进行工作。

3）严禁在雨天或空气湿度超过 80% 的条件下进行设备解体。

302. SF_6 电气设备解体时的安全防护管理措施有哪些?

答:（1）设备解体后，检修人员应立即离开作业现场到空气新鲜的地方，工作现场需要强力通风，以清理残余气体，至少通风 30～60min 后再进行工作。

（2）检修人员与分解气体和粉尘接触时，应穿耐酸原料的衣裤相连的工作服，戴塑料式软胶手套和专用的防毒呼吸器。操作人员工作完毕后，应彻底清洗全身。

（3）解体检修中使用的下列物品应作有毒废物处理，如吸尘器的过滤纸袋、抹布、防毒面具中的吸附剂、气体回收装置中使用过的活性氧化铝或分子筛、设备中取出的吸附剂、严重污染的工作服等。处理方法是将废物装入双层塑料袋中，再放入金属桶内密封埋入地下或用苏打粉与废物混合后再注水，放置 48h 后（容器敞开口），可作普通垃圾处理。防毒面具、塑料手套、橡皮靴及其他防护用品必须用肥皂洗涤后晾干备用。

303. SF_6 安全防护用品的管理与使用要点有哪些？

答：（1）设备运行检修人员使用的安全防护用品应有工作手套、工作鞋、密闭式工作服、防毒面具、氧气呼吸器等。

（2）安全防护用品应设专人保管并负责监督检查保证其随时处于备用状态。防护用品应存放在清洁干燥阴凉的专用柜中。

（3）工作人员佩戴防毒面具或氧气呼吸器进行工作时，要有专门监护人员在现场进行监护，以防出现意外事故。

（4）设备运行及检修人员要进行专业安全防护教育及安全防护用品使用训练。使用防毒面具和氧气呼吸器的人员应进行体检，心肺功能不正常者禁止使用以上用品。

304. SF_6 气体湿度监督应符合哪些要求？

答：（1）SF_6 气体的湿度检测应按照 DL/T 915—2005《六氟化硫气体湿度测定法（电解法）》中的要求执行。

（2）监督标准应按照有电弧分解物的气室湿度≤ 300 μL/L；无电弧分解物的气室湿度≤ 500 μL/L。

（3）SF_6 气体湿度超标的设备，应进行干燥、净化处理或检修更换吸附剂等工艺措施，直到合格，并做好记录。

（4）除异常时，充气后表压低于 0.35MPa，且用气量少的 SF_6 电气设备（如 35kV 以下的断路器），只要不漏气，交接时气体湿度合格，运行中可不检测气体湿度。

305. SF_6 气体泄漏监督应符合哪些要求？

答：（1）SF_6 气体泄漏检测可结合设备安装交接、预防性试验或大修进行。

（2）SF_6气体泄漏检测应在设备充装SF_6气体24h（或更长时间）后进行。

（3）设备运行中出现表压下降、低压报警时应分析原因，必要时应对设备进行全面泄漏检测，并进行有效处理。

（4）发现SF_6电气设备泄漏时应及时补气，所补气体应符合新气质量标准，补气时接头及管路应干燥。

306. 电气设备中SF_6气体杂质的来源有哪些？

答：（1）SF_6气体在合成制备过程中残存的杂质和在加压充装过程中混入的杂质。

（2）检修和运行中充气和抽真空时混入的杂质。

（3）设备内部表面或绝缘材料释放出来的杂质。

（4）气体处理设备中油进入到SF_6气体中。

（5）开关设备在电流开断期间，由于高温电弧的存在，导致SF_6分解产物、电极合金及有机材料的蒸发物或其他杂质形成。

（6）电气设备内部电弧产生的杂质。

307. 电气设备内部故障时SF_6气体主要分解产物有哪些？

答：SF_6电气设备内部故障时的分解物有一百多种，含量较多的也有近20种，硫化物主要有SO_2、H_2S、SF_4、SO_2F_2、SOF_2、S_2F_{10}和S_2OF_{10}等，氟化物主要有HF、CF_4、AlF_3、CuF_2和WF_6等，碳化物主要有CO、CO_2和低分子烃等。若对分解产物都进行检测，可能会更准确地判断内部故障的部位，但由于上述物质中除SO_2、H_2S、CF_4和CO毒性较小外，其他均为剧毒物质，在设备内部的含量极低且不稳定。含量稍多的SF_4、SOF_2等又很快会与SF_6气体中的水分进行水解反应，生成稳定的SO_2和HF。因此，气室中SO_2、HF的含量除了由SF_6和固体绝缘材料分解直接生成外，还会由SF_4、SOF_2等水解产生。

308. SF_6电气设备常用哪些固体绝缘材料？故障后产生哪些气体？

答：（1）热固形环氧树脂。环氧树脂是多种大分子量的混合物，有双酚型和酚醛型两类，由C、H、O和N等元素构成。其主要用于GIS中的盆式绝缘子、支柱绝缘子和断路器、隔离刀闸及接地刀闸的绝缘拉杆。环氧树脂具有良好的绝缘性能和化学稳定性，在500℃以上时开始裂解，700℃后才会明显裂解，主要产生SO_2、H_2S、CO、NO、NO_2和少量低分子烃。

（2）聚酯尼龙。聚酯尼龙常用作绝缘拉杆，由多层聚酯乙烯和尼龙布制成，主要由C、H、O等元素组成。当温度大于130℃时聚酯材料开始裂解，400℃以上尼龙材料明显裂解，主要产生SO_2、H_2S、CO和低分子烃。

（3）四氟乙烯。四氟乙烯的分子式为nC_2F_4，具有很好的绝缘性能和化学稳定性，其主要用作断路器中的灭弧罩和压缩气缸，只有在400℃以上时才开始产生少量的CF_4，500℃后才会明显裂解。

（4）聚酯乙烯。聚酯乙烯的分子式为$n(O{=}R{-}C_2H_4)$，其主要用于互感器、变压器匝绝缘和电容式套管的电容层材料，当温度大于130℃时开始裂解，主要产生H_2、CO、CO_2和低分子烃。

（5）绝缘纸。绝缘纸是碳水化合物，由C、H、O等元素组成，其主要用于互感器、变压器匝绝缘和电变式套管的电容层材料，一般情况下当温度大于125℃时开始裂解，主要产生CO、CO_2和低分子烃。

（6）绝缘漆。绝缘漆为碳氢化合物，由C、H、O、N等元素组成，其浸附着在互感器、变压器铜线表面，作为匝层间绝缘，一般情况下当温度大于150℃时开始裂解，主要产生CO、CO_2和NO_2。

309. SF_6电气设备内部故障类型及相应的气体分解产物有哪些？

答： SF_6电气设备内部故障可分为放电和过热两大类。放电又分为电晕放电、火花放电和电弧放电；过热分为低温、中温和高温。通过对近万台 SF_6 断路器、互感器和 GIS 等电气设备的检测和近百起故障实例分析，将内部常见的故障部位归纳为以下六种：

（1）导电金属对地放电。这类故障主要表现在 SF_6 气体中存在导电颗粒和绝缘子、拉杆绝缘老化、气泡和杂质等，引起导电回路对地放电。放电性故障能量大，产生大量的 SO_2、SOF_2、H_2S 和 HF 等。

（2）悬浮电位放电。这类故障通常表现在断路器动触头与绝缘拉杆间的连接插销松动、电流互感器二次引出线电容屏上部固定螺丝松动和避雷器电阻片固定螺丝松动引起两侧金属部件间悬浮电位放电。故障的能量较小，一般情况下只有 SF_6 分解产物，主要产物为 SO_2、HF。

（3）导电杆的连接接触不良。当故障点温度超过 500℃时，SF_6 和周围固体绝缘材料开始热分解；当温度达 700℃以上时，将造成动、静触头或导电杆连接处梅花触头外的包箍蠕变断裂，最后引起触头融化脱落，引起绝缘子和 SF_6 分解，其主要产物为 SO_2、HF 等。

（4）互感器、变压器匝层间和套管电容屏短路。当内部故障时，将使故障区域的 SF_6 气体和固体绝缘材料裂解，产生 SO_2、SOF_2、HF、CO 和低分子烃等。

（5）断路器重燃。断路器正常开断时，电弧一般在 1~2 个周波内熄灭，当灭弧性能不好或切断电流不过零时，电弧不能及时熄灭，导致灭弧室和触头灼伤，SF_6 气体和聚四氟乙烯分解，主要产物为 SO_2、SOF_2、CF_4 和 HF。